창조도시 부산, 소프트전략을 말한다

창조도시 부산, 소프트전략을 말한다

초판 1쇄 발행 2020년 9월 1일
초판 2쇄 발행 2020년 11월 1일

지은이 김해창
펴낸이 조송현
펴낸곳 인타임
내지 조판 김인경
북 디자인 심플리 그라픽스

출판등록 제2018-000004호
주소 (47570) 부산광역시 연제구 고분로 254-1 3층 (연산동)
전화 051)-711-3101
팩스 051)-711-3102
이메일 pinepines@daum.net

ISBN 979-11-964962-7-2 03810

이 도서의 국립중앙도서관 출판예정도서목록(CIP)은 서지정보유통지원시스템 홈페이지(http://seoji.nl.go.kr)와 국가자료종합목록 구축시스템(http://kolis-net.nl.go.kr)에서 이용하실 수 있습니다. (CIP제어번호 : CIP2020034920)

CREATIVE CITY BUSAN

창조도시 부산,
소프트전략을
말한다

김해창 지음

Creative
City
Busan

인타임

추천사

김정욱
∞
녹색성장위원회 위원장
서울대학교 환경대학원 명예교수

우리나라는 세계에서 가장 건설공사가 많은 나라이다. 이런 공사를 하면서 내거는 말이, 여의도를 맨해튼으로, 한강을 런던의 템스 강이나 파리의 센 강처럼, 부산을 홍콩이나 두바이로 만들겠다고 하는 것들이었다. 이들 도시처럼 만들면 살기 좋은 도시가 되는가? 정말 세계에 보여줄 자랑거리가 되는가? 그 도시들이 매력적이라면 그 매력은 겉모양이 아니라 그 내면의 문화에 있다.

봉준호 감독의 아카데미 시상식 수상 소감 중에 '가장 개인적인 것이 가장 창의적인 것이다'는 말은 무척 인상적이었다. 마찬가지로 '가장 지역적인 것이 가장 세계적인 것'이라고 할 수 있지 않을까?

부산을 창의적이고 매력적인 도시로 보이게 하는 것은 비싼 돈을 들여서 짓는 거대한 인공구조물에 있지 않다. 부산은 지형적으로 자연조건이 앞에 거론한 그 어떤 도시보다도 더 아름다운 매력을 갖고 있다. 부산을 더욱 풍성하게 만드는 것은 부산만이 가진 그 자연환경에다 부산의 생명을 불어넣어 살리고 부산사람들만의 개성 있는 문화를 일궈내는 데 있다.

나는 부산에서 태어나서 학창시절을 보낸 사람으로서, 세계 여러 나라 많은 도시를 다녀보아도 부산만큼 훌륭한 자연조건을 가진 곳을 보지 못했다. 또한 부산사람들이 참 독특하고 재미있는 공동체 문화를 가진 사람이라는 것을 알게 되었다. 이러한 부산다움을 도시행정에 잘 살리기를 바란다.

이번에 코로나19 사태와 홍수 재해를 겪으면서 깨달은 것이지만, 기후위기시대에 이런 재앙에 미리 대응하고 적응하는 올바른 대책이 마련되지 않는 도시는 아무리 겉보기가 좋아도 부산말로 '파이다', 즉 '매력 없다'는 말이다. 세계적인 항만도시로서 부산은 이러한 '지속가능한 발전'이라는 개념 위에 환경과 경제, 그리고 지역공동체적 삶의 질을 높여 나가야만 '창조도시 부산'으로 거듭날 수 있을 것이다.

김해창 교수가 이번에 펴낸 '창조도시 부산, 소프트전략을 말한다'는 이런 점에서 도시 만들기의 정곡을 찌른다. 하드웨어보다 더 중요한 것이 소프트웨어라는 사실을 국내외 좋은 사례를 들면서 하나하나 제안한다.

이제 우리나라는 더 이상 다른 나라를 뒤쫓아 갈 이유가 없다. 우리가 새로운 '선진국'의 모습을 만들어 나가야 한다. 마찬가지로 이제는 도시와 농촌이 상생하고, 중앙과 지방이 공생하며, 도시 안에서 시민과 기업, 행정이 협치해야 한다. 그래야 우리들이 꿈꾸는 새로운 사회를 만들 수 있다.

이 책엔 창조도시 부산, 나아가 도시 만들기를 위한 창의적인 방법들이 잘 정리되어 있다. 김 교수의 제안이 부산지역, 나아가 다른 도시에도 반향을 일으키고, 그로 인해 부산이 더 멋진 창조도시로 거듭 발전하기를 바란다. 다시 한 번 김 교수의 그간 노고에 격려의 박수를 보내며, 출판을 진심으로 축하드린다.

추천사

임재택
∞
(사)한국생태유아교육연구소 이사장
부산대 명예교수

김해창 교수 하면 몇 가지에 놀란다. 먼저 그 부지런함에 놀란다. 내가 아는 저서만도 10여 권이 된다. 그밖에 공저 번역서도 많다. 둘째, 늘 반짝이는 아이디어와 함께 실천력을 가졌다. 소셜 디자이너인 그는 우리사회, 우리지역이 나아가야 할 바람직한 방향을 제시하면서 늘 실천에 앞장서왔다. 셋째, 그는 젊었을 때나 지금이나 한결같다. 늘 시민들과 함께 지식인의 자리를 지켜왔다.

김 교수는 내게는 '김 기자'로 더 익숙했다. 기자 시절부터 환경전문기자로 늘 국내외의 좋은 사례를 많이 소개했다. 그러던 그가 고 박원순 전 서울특별시장과 함께 한 희망제작소 부소장을 거치면서 어느새 소셜 디자이너로 돌아왔다. 이젠 환경 관련 정보를 발신하는 전문가 교수로 우뚝 서 있다.

김 교수와의 관계는 이래저래 40년 가까이 된다. 1999년 김 교수가 기자 시절 처음 펴낸 『놀이로 배우는 지구사랑-3대가 함께 쓴 우리집 환경백서』라는 책에 추천사를 쓴 적이 있다. 당시 3대가 2층 슬래브집에 살면서 가족회의를 거쳐 우리나라 최초의 「가정의제 21」을 내놓았다. 환경교사모임에 참여하던 부인과 함께 「지방의제 21」에 힌트를 얻어 만들어낸 것이었다.

그때 추천사에 쓴 글이 다시 떠오른다. '대학 때부터 틈틈이 지켜본 이들 부부는 무엇보다 진실하고 다정하다는 점에서 우리의 좋은 이웃이다. 이들 부부와 우리 부부는 사제의 관계를 뛰어넘어 어느새 친구이자 '동지'가 됐다. 늘 그를 지켜보면서 도와 덕, 지와 행이 함께 한다는 점에 고개가 숙여진다.

책 원고를 보니 김 교수의 '종합성'이 눈에 들어온다. 김 교수의 '창조도시 부산론'은 부산에 대한 그의 애정을 읽을 수 있다. 창조도시 부산론은 그의 환경경제와 역사문화, 도시브랜드 등에 대한 창조적 발상이 넘쳐난다. 그것도 구미 선진 창조도시의 다양한 사례를 부산에 적용해 소개하고 있다. 책을 읽다 보면 부산을 거닐면서 세계도시 테마기행을 다니는 느낌이 나기도 한다.

나는 40년 이상을 교육, 특히 생태유아교육에 나름 매진해왔다. 도시가 자연환경과 분리되고, 교육이 자연과 멀어진 데서 오는 상황이 우리 아이들을 마치 '토종닭'이 아닌 '인공사육닭'으로 만드는 비교육적 결과를 빚었다고 생각한다. 이런 점에서 김 교수의 이번 책은 도시의 지속가능성, 건강성을 회복하기 위한 선언문이기도 하다. 또한 이 책은 포스트코로나시대 산업문명을 넘어 생태문명으로의 전환, 사회적 거리 두기를 넘어 생태적 거리 회복의 절박성과 그 실천전략을 보여주고 있다는 점에 주목할 필요가 있다.

다시 한 번 김 교수의 책 출판을 진심으로 축하드리고, 많은 분들이 그의 아이디어와 마음씀을 이해하고, 우리가 사는 부산을 비롯한 각 도시에서 각자의 인간미·사람다움·도시다움·마을다움을 찾아가는 계기가 됐으면 한다. 김 교수의 아이디어 샘물이 마르지 않길 두 손 모은다.

추천사

김석준
∞
부산광역시교육청 교육감

부산의 인구는 1995년 389만 명을 정점으로 감소세가 두드러지고 있다. 출생률은 2019년 기준으로 전국 최저를 기록했고, 부산을 떠나는 시민도 해마다 늘어나고 있다. 특히 직장과 주택 문제 등으로 부산을 떠나는 20, 30대 청년 인구가 많아 출생률은 계속 떨어지는 악순환이 반복되고 있다. 이러한 시기에 김해창 교수님의 부산 살리기 전략은 시의적절하다.

그렇다면 여러 문제점에 직면한 부산을 살리기 위한 전략은 무엇일까? 초고층 건물 건설과 대규모 토목사업으로 문제를 해결할 수 있을까? 광안대로, 아시안게임 경기장, 제2 부산 롯데월드 등은 21세기 부산을 대표하는 상징물이 되고 있다. 하지만 기념비적 건축물이 부산을 세계시장에 판매하는 주요 판촉 수단은 될 수 있어도 전국 최악의 실업률, 열악한 주거와 교통 문제를 해결해주지는 못한다. 도시의 외형에 치중된 개발로는 부산의 미래를 책임질 수 없다.

부산이 창조도시로서 환경·교육·경제·복지 등을 아우르는 쾌적한 공간으로 재탄생하기 위해서는 하드웨어 전략이 아닌 '부산다운' 소프트 전략이 필요하다. 코로나19 위기 속에 환경의 중요성이 어느 때보다 중요해진 상황에서 환경을 통한 경제성장은 시사하는 바가 크다. 이제는 생각의 전환이 필요하다. 쾌적한 환경이 경제를 성장시키고, 부산시민의 더 나은 삶을 만들 수 있다. 역사·문화로부터 도시경쟁력을 키우는 전략은 부산의 강점을 잘 녹여내는 전략이다. 역사와 문화 자원을 통하여 이야기가 있는 부산을 만들고, 도시 정체성을 확립할 수 있다. 부산의 미래를 만들어가는 주체는 시민이다. 시민이 참여하여 함께 만들어가는 도시브랜드는 '창조도시 부산'의 원동력이 될 것이다.

교수님이 생각하는 부산의 미래는 모두가 추구하는 행복한 부산의 모습이다. 책의 곳곳에 교수님의 부산사랑을 엿볼 수 있다. 나 또한 부산의 현실을 안타깝게 생각하고, 여러 권의 저서에서 개선 방안을 제시해 왔다. 교육감에 당선된 2014년부터는 '아이 키우기 좋은 부산, 교육하기 좋은 부산'을 만드는 정책을 추진해 왔다. 특히 부산형 혁신학교인 '부산다행복학교'는 학교와 마을이 아이들을 함께 키우는 교육공동체라는 인식을 확산하는 의미 있는 변화와 성과를 내고 있다. 부산다행복학교는 교수님이 추구하는 지속가능한 창조도시 부산에서 이루어지는 교육의 모델이 될 수 있을 것이다.

창조도시 부산의 밝은 미래를 위해 현재를 사는 우리는 무한한 책임을 지녀야 한다. 환경오염, 열악한 주거와 교통 문제와 같은 부채를 미래 세대에게 물려줄 순 없다. 후손들이 쾌적한 환경의 창조도시 부산에서 행복한 일상을 보낼 수 있도록 모두의 지혜와 노력이 필요하다. 부산다운 소프트 전략이 부산의 과거를 본보기로, 부산의 현재를 반영하여, 부산의 밝은 미래를 만들어가는 데 큰 역할을 할 것으로 기대한다.

추천사

변강훈
∞
부산광역시 도시재생지원센터 원장

'창조도시 부산 소프트전략을 말한다'의 발간이 뜻깊은 것은 무엇보다 회복과 전환이 절실한 시대의 한 복판에 서서, 누누이 '부산다움'을 추구해 온 한 예언자의 선언서이기 때문이다.

혹여 제목만을 보고 아이디어 차원의 마케팅 서적으로 생각하는 독자들의 오해를 먼저 푸는 게 우선인 듯해 추전사의 첫 단락을 무겁게 열어본다.

김해창은 시기별로 다른 모습으로 사람들을 만나왔다. 기자였다가, 소셜디자이너였다가, 지금은 대학교수다. 그런 변화무쌍한 그에게 변함없는 것은 무엇이었을까? 그것은 삶터인 부산이 환경 우선의 도시, 역사 문화가 꽃피는 도시, 시민들이 주인인 도시로서 '부산다움'을 추구하는 것이다. 그런 점에서 직업은 바뀌지만 그가 내미는 부산의 모습은 늘 일관되게 '창조도시 부산'이었다.

그가 제시한 세 단락 스무개의 전략 아이디어는 분명 부산에 있는 것을 되살리고, 부산에 없는 것을 발굴하며, 부산에 살고 있는 시민들이 주인답게 나설 때만이 부산의 가치가 상승한다는 것이다. 한 꼭지 한 꼭지 아이디어가 전략으로 받아들여질 만한 조건과 현실성을 담고 있기에 이미 부산 시민사회와 부산시가 받아들인 것도 있으며 향후 반드시 고려해야만 할 것이 대부분이다.

회복과 전환이 시대적 요구라면 어쩌면 김해창은 그 패러다임 변화의 전면에 서기 위해 이미 삶의 과정에서 다양한 방식으로 준비되었는지도 모른다. 기자로서 접근했던 다양한 사회문제의 현장, 소셜 디자이너로 만났던 다양한 삶들, 대학교수로서 만났던 청춘들의 암담한 현실과 참신한 발상이 차곡차곡 쌓이고 농익어 시대를 앞서가는 지혜로 발현되어 있음을 느끼게 된다. 작가 본인도 이 책은 자신만의 아이디어가 아니라 창조도시와 마을 만들기와 관련된 국내외 지식과 활동가들의 총체적 지혜를 담았다고 서문에서 밝히고 있다.

그 길에 잠시라도 함께 할 수 있어서 행복했고, 짧고 두서없는 추천사라도 쓸 수 있는 기회를 주니 더없이 고맙기만 하다. 이 글을 읽는 독자들께서도 주변에 함께 읽기를 꼭 권해주시길 당부드린다.

들어가며

왜 창조도시 부산 소프트전략인가?

 토건사업 위주의 도시화가 수십 년간 지속되고 있다. 해안선을 망치는 초고층 건물의 난립, 외형 치중의 북항 오페라하우스 재추진, 낙동강 하구에 10개 대교 추가 건설 등 대형프로젝트가 부산의 정체성일까? 지자체의 정책에 부산다운 도시의 미래를 제시하는 가이드라인이 보이지 않는다. 산·강·바다·온천 천혜의 사포지향(四包之鄕)을 제대로 살리지 못하는 도시 부산. 2020년 세계도시 부산의 현주소이다.
 창조도시 부산? 부산의 부산다움은 무엇인가? 이렇게 되묻는 말은 결국 '창조도시 부산을 만들어 나가자'는 뜻이다. 나는 고등학교 때부터 부산과 인연을 맺었다. 경남 통영 미륵도가 고향이지만 초등학교 중학교는 옛 영일군 장기(지금은 포항 남구)라는 면소재지 시골에서 자랐다가 1970년대 중·후반 부산으로 이사와 고등학교를 다니면서 지금까지 40여 년을 부산에 산다. 이제 부산은 제2의 고향이자 나의 삶터이다.

고교·대학·대학원을 졸업하고 공군장교를 거쳐 기자생활을 하면서 부산 동구·서구·영도구·금정구·해운대구·남구를 거쳐 지금은 수영구에 산다. 기자생활을 하면서 부산지역 곳곳을 누볐다. 시민환경단체 회원 또는 운영위원으로, 부산시·부산교육청·일선 구청의 자문위원 활동도 많이 했다. 지금도 부산시 원자력안전시민대책위원회, 부산시 안전위원회, 2030부산월드엑스포범시민유치위원회 등의 연구자문위원으로도 활동 중이다. 그런 가운데 우리 부산의 미래에 대해서 지도자의 비전과 실천력 그리고 시민과의 거버넌스가 절실하다는 걸 많이 느꼈다.

기자 시절 『부산포』 『부산항』 『부산 700년』 등 부산학의 거두 솔뫼 최해군 선생(1926-2015)의 '사포지향 부산' 이야기를 듣고는 부산만큼 좋은 곳이 없다는 생각을 하면서 늘 부산다움을 고민했다. 부산은 다이내믹한 면이 있지만 늘 정체된 느낌이 드는 도시였다. 사랑하는 만큼 안타까움이 더 큰 도시다. 그러한 부산에 가능성을 발견한 것은 부산국제영화제였다. 실로 1979년 부마항쟁 때 부산시민의 역동성이 영상예술로 피어나는 것 같다는 느낌을 받았다. 부산 국제영화제에 힘입어 부산은 2014년 「유네스코 창의영화도시」로 선정됐다. 영국 브래드포드, 호주 시드니에 이어 세번째 도시이다. 어쨋든 우리 부산은 '창조도시'의 씨앗을 가졌다. 2010년대 초반 부산시도 창조도시 부산에 관심을 갖고 부산광역시에 창조도시본부가 만들어졌다. 창조도시포럼이나 산복도로포럼이 만들어지면서 도심재생에 대한 관심이 높아졌다. 그러나 이러한 창조도시 정책은 외형에 치중이 됐으며 시민과의 소통 면에서 부족함이 많았고, 결국 도시경영자가 바뀌면서 흐지부지됐다.

나는 2006년 한국언론재단의 협조로 개인적으로 미국 창조도시를 2주간

둘러보고 올 기회를 가졌다. 미국의 피츠버그에서 피츠버그문화트러스트(PCT)의 활약을 보면서 우리 부산 원도심의 문화공간을 생각했고, 볼티모어의 이너하버에선 부산 자갈치시장의 발전적 모습을 생각하는 등 창조도시의 힘을 느꼈다. 그 뒤 2007년부터 3년간 고(故) 박원순 변호사(전 서울특별시장)가 만든 (재)희망제작소에서 부소장으로 일하면서 소셜 디자이너(Social Designer)로서 '창조도시 소프트전략'을 고민하기도 했다. 2008년 9월부터 3개월간 일본국 초청 아시아리더십펠로우 프로그램(ALFP)에 선발돼 도쿄에 머물면서 일본, 중국, 필리핀, 태국, 네팔, 인도의 지식인과 '아시아의 평화와 번영'에 대한 의견을 교환하고, 일본 전역을 돌면서 일본 정부, 지자체, 기업, 시민단체들과 소통했다. 그 결실로 다음해 나온 『일본 저탄소사회로 달린다』라는 책도 창조도시론에 힘입은 바 크다.

일반적으로 창조도시라고 하면 찰스 랜드리, 리처드 플로리다, 사사키 마사유키 등 세계적인 창조도시 선구자들을 이야기한다. 그 중 리처드 플로리다(Richard Florida)는 『창조계급론(Creative Class)』에서 창조계급을 도시에 끌어들이는 요소로 3T(Talent, Technology, Tolerance), 즉 재능, 기술, 관용을 든 것으로 유명하다. 창조도시론에서 볼 때 우리 부산에 필요한 것이 '창조도시의 마인드'이다. 플로리다가 3T 가운데 가장 강조한 것이 관용이다. 관용, 즉 톨레랑스(Tolerance)는 우리 부산시민의 개방성과 잘 연결된다. 찰스 랜드리 역시 '창조도시'를 만들기 위해 필요한 '창조환경'을 강조했는데 결국 인적 네트워크를 말한 것이다. 이러한 창조성은 종합적 삶의 쾌적함으로 인권·환경·경제·복지를 아우르는 어메니티의 창출로 연결되며, 이는 도시 지속성의 기반이 된다. 창조도시론에 대해서는 독자 여러분의 이해를 돕기 위해 이 책 말미에 '창조도시론의 이해'라는 글을 따로 붙인다.

사포지향 부산은 참 매력적인 곳이다. 우리 부산시민이 앞으로도 계속 살고 싶은 도시, 다른 지역 사람들이 선망하는 부산은 민관이 힘을 합쳐 '부산다움'을 만들고 가꿔가는 중에 가능할 것이다. 경제와 함께 그 기반인 '환경·문화'를 살리는 도시, 그리하여 편리성 못지않게 멋과 아름다움을 겸비한 창조도시 부산은 지금까지의 토건사업 위주, 대형프로젝트 중심의 사고와는 그 결을 달리할 필요가 있다. 하드웨어 못지않게 소프트웨어가 중요하다는 뜻이다. 따라서 시민과 행정이 지혜를 모으는 창조도시 소프트전략이 필요한 것이다. 부산의 미래를 놓고 많은 사람들이 '내가 바라는 부산'을 쏟아내고, 이를 행정이 살뜰히 엮어내야 한다.

이 책은 2018년 12월부터 2020년 5월까지 웹진 인저리타임에 1년 6개월에 걸쳐 게재한 「김해창 교수의 창조도시 부산 소프트전략」을 정리해 엮은 것이다. 이 책은 크게 3부로 이뤄졌다.

제1부 '환경이 경제다'에는 △을숙도 쓰레기매립지에 필드 뮤지엄 '탐욕의 끝'을 만들자 △을숙도 하구를 철새공화국으로, 진우도를 생태보물섬으로 만들자 △부산형 사회적은행인 부산마중물은행을 설립하자 △부산시청 마당을 친환경 시민 아이디어 전시장으로 △사람 중심 보행도시 부산…탈자동차 마인드와 자전거 재발견에서부터 △기장 철마 한우촌에 동·식물유전 개발 프로젝트를 실시하자 △부산시, 기후위기 대비한 부울경 '도농상생의 메카' 전략이 필요하다는 제안을 실었다.

제2부 '도시경쟁력은 역사문화로부터'에는 △'오페라시티-돌아와요 부산항에'를 만들자 △해양수도 부산, 부산항 개항의 역사 바로보기에서 시작하자 △국제영화도시 부산, 추억의 삼일·보림·삼성극장을 되살리자 △지역의 미래자산, 지역 원로를 기록하자 △동북아 해양수도 부산, 독도 지킴이 안용복 장군의 기개와 정신 되살리기에 적극 나서야 △항만 물류도시의 원형 수영

강 재송포를 살리자 △자성대를 한중일 호국평화공원으로 만들자는 제안을 소개했다.

3부는 '시민이 만드는 도시브랜드 파워'이다. 여기는 △새해 '양성평등도시 부산'을 꿈꾼다 △'부산이 살기 좋은 이유 101가지'를 만들어 국내외에 알리자 △시민의 아이디어 살린 특색 있는 전문도서관을 만들자 △'행복한 인생 이모작 학교'-부산형 50플러스재단을 만들자 △부산대 대학상권의 청년창조지구 조성을 위한 민관산학 네크워크 제대로 구축하자 △국제관광도시 부산 도시브랜드를 높이자는 제안을 담았다.

「창조도시 부산 소프트전략」을 인저리타임에 기고하면서 이러한 아이디어가 부산시정에 나름 반영된 바가 있어 반갑고 보람을 느낀다. 그중 '해양수도 부산, 부산항 개항의 역사 바로보기에서 시작하자'라는 제안은 2020년 10월 국제물류 올림픽이라고 하는 FIATA 부산총회를 맞아 부산항의 역사를 재조명하는 데 일조했다. 1876년 강화도조약에 의한 부산포개항이 아니라 1407년(태종7년) 부산포 설치의 600년 역사를 세계에 알릴 수 있도록 부산지역 사학자들이 논쟁을 거쳐 부산항 개항 역사의 지평을 넓히는 계기를 마련한 것이다. 이 총회 개최가 코로나19로 인해 2년 연기돼 참 아쉽다.

「부산을 사랑하는 101가지 이유를 만들어 국내외에 알리자」라는 제안은 부산연구원과 부산관광공사가 이를 채택해 시민참여를 통해 지난 6월 『101가지 부산을 사랑하는 법』(김수우·이승헌·송교성·이정임, 홍익출판사)이란 멋진 책 출판으로 연결됐다. 부산연구원이 기획해 시민발굴단 108명, 시민·전문가 장소추천인 767명이 참여한 가운데 회의와 투표 등을 거쳐 최종 101개 아이템을 선정해 사진과 글로 정리했다. 이 책은 '통통배 타고 들어가 본 오륙도 등대' '백년의 시간이 박제된 외양포마을' '부산의 열정이 모이는 곳 사직야구장'·'침묵의 정중동 이우환공간'·'신이 만든 맛 산성마을과 금정산성' 등 101가지 부산의 매력을 오롯이 담은 부산관광가이드북이 됐다.

「항만 물류도시의 원형 수영강 재송포를 살리자」라는 제안은 부산연구원 부산학연구센터의 부산학 교양총서 공모에 참여해 연구한 내용을 바탕으로 2019년 말 발간된『마을의 미래(Ⅲ) 재송마을 이야기』의 핵심 내용을 소개했다. 「자성대를 한중일 호국평화공원으로 만들자」는 제안은 부산동구청의 '도시재생 뉴딜사업 연계 자성대와 부산의 유래 연구 스토리텔링 북 제작 용역'에 참여해 연구한 결과를 바탕으로 정리한 것이다.

「지역의 미래자산, 지역 원로를 기록하자」는 제안은 부산문화재단의 '부산 예술인 아카이빙 사업' 추진을 촉구하는 계기가 됐다. 부산문화재단은 2020년 5월 예술인 아카이빙 선정위원회를 구성하고 올해 '부산 예술인 아카이빙 사업' 대상으로 고 윤정규 소설가, 고 허영길 연출가, 피아니스트 제갈삼 선생을 선정했다. 2024년까지 이어질 1차 사업 대상자로 황무봉(전통 무용가), 이상근(작곡가), 김석출(동해안별신굿 보유자), 송혜수(화가), 최민식(사진작가), 이규정(소설가), 오태균(지휘자), 김종식(화가) 선생 등 작고 예술인과 허만하(시인), 조숙자(무용가) 선생 등 원로 예술가를 선정했고, 추후 2차 대상자도 선정해 2025년부터 사업을 계속할 예정이라고 7월 초에 밝혔다.

이 책은 필자 혼자의 아이디어가 아니라 창조도시와 마을 만들기와 관련된 국내외 지식과 활동가들의 총체적 지혜를 담은 것이다. 이 책을 통해 독자들과 부산의 비전을 나누고 싶다. 이제 부산은 새로운 창조도시, 아이디어·창의력·상상의 도시가 돼야 한다. 무엇보다 우리 시민이 도시의 미래를 만들어가는 주체이자 기획자임을 잊지 말아야겠다. 앞으로의 시정도 이러한 시민의 창의적인 소프트전략 위에 수립되고 시민과 함께 실행되어야 한다. 그렇기 때문에 이 책은 오로지 부산만을 위해 쓰인 것이 아니다. 우리나라 어느 도시에서도 참고할 수 있는 도시재생의 아이디어 북이 될 수 있으면 좋겠다.

어려운 여건에서도 묵묵히 '열린사회를 위한 웹진'을 운영하며 이 책의 편집·출판을 맡아준 웹진 인저리타임 및 도서출판 인타임 조송현 대표에게 먼저 진심으로 고마움을 전한다. 그리고 이 글에 귀한 추천사를 써주신 김정욱 녹색성장위원회 위원장님, 임재택 (사)한국생태유아교육연구소 이사장님, 김석준 부산광역시교육청 교육감님, 변강훈 부산광역시 도시재생지원센터 원장님께도 진심으로 감사의 말씀을 드린다.

그동안 살아오면서 많은 분들의 도움을 받았다. 최근 유명을 달리하신 두 분이 특히 그러하다. 녹색평론 발행인 고(故) 김종철 선생님은 나에게 생태적 삶의 가치를 심어주시고 이끌어주신 분이다. 고(故) 박원순 전 서울특별시장님은 나를 희망제작소로 불러 소셜 디자이너로서의 정체성을 세워주셨다. 삼가 두 분의 명복을 빈다.

끝으로 노자의 도덕경(道德經) 제78장 임신장(任信章)에 나오는 '약한 것이 강한 것을 이기고, 부드러운 것이 억센 것을 이긴다. 천하에 모르는 사람이 없지만 실천하는 사람이 없다(弱之勝强 柔之勝剛, 天下莫不知 莫能行)'는 말로 소프트전략의 중요성을 재삼 인식하고 생활 속의 실천을 다짐해본다.

2020년 8월
경성대 연구실에서 김해창

목차

추천사 | 4
들어가며 - 왜 창조도시 부산 소프트전략인가? | 12

제1부

환경이 곧 경제다

- 을숙도 쓰레기매립지에 필드 뮤지엄 '탐욕의 끝'을 만들자 | 25
- 을숙도 하구를 철새공화국으로, 진우도를 생태보물섬으로 만들자 | 31
- 부산형 사회적은행인 부산미중물은행을 설립하자 | 37
- 부산시청 마당을 친환경 시민 아이디어 전시장으로 | 49
- '사람 중심 보행도시 부산' ... 탈자동차 마인드와 자전거 재발견에서부터 | 57
- 기장 철마 한우촌에 '동·식물유전' 개발 프로젝트를 실시하자 | 69
- 부산시, 기후위기 대비한 부울경 '도농상생의 메카' 전략이 필요하다 | 77

제2부

역사문화는 도시의 경쟁력

- '오페라시티-돌아와요 부산항에'를 만들자 | 89
- 해양수도 부산, 부산항 개항의 역사 바로보기에서 시작하자 | 97
- 국제영화도시 부산, 추억의 삼일·보림·삼성극장을 되살리자 | 107
- 지역의 미래자산, 지역 원로를 기록하자 | 117
- 동북아 해양수도 부산, 독도 지킴이 안용복 장군의 기개와 정신 되살리기에 적극 나서야 | 127
- 항만물류도시 부산의 원류 수영강 재송포 역사를 제대로 살리자 | 139
- 자성대를 부산진성으로, 한·중·일 호국평화공원으로 되살리자 | 149

제3부

시민과 함께 도시브랜드 만들기

- 새해 '양성평등도시 부산'을 꿈꾼다 | 159
- '부산이 살기 좋은 이유 101가지'를 만들어 국내외에 알리자 | 169
- 시민의 아이디어 살린 특색있는 전문도서관을 만들자 | 185
- 행복한 인생이모작 학교 - 부산형 50플러스재단을 만들자 | 195
- 부산대 대학상권의 청년창조지구 조성을 위한 민관산학 네크워크 제대로 구축하자 | 205
- 국제관광도시 부산, 시민과 함께 부산브랜드를 세계에 마케팅하자 | 215

나가며 - 창조도시론의 이해 | 225

제1부

환경이
곧 경제다

을숙도 쓰레기매립지에
필드 뮤지엄 '탐욕의 끝'을 만들자

 해질녘 낙동강 하구에는 모래톱 사이로 '물별'이 뜬다. 하루를 접는 갈매기와 가마우지 떼가 피곤한 날갯짓을 하며 모래톱 위를 낮게 날아 잠자리로 향한다. 을숙도 남단의 갈대숲은 바람에 쓰러졌다 일어서고, 갯벌 곳곳엔 고니 떼와 흥머리오리 떼가 '훗호 훗호' '휘이 휘이'하며 울음 운다.
 아미산 상공을 선회하는 솔개 무리와 간간이 물살을 가르는 선외기의 굉음에 철새들이 흠칫 놀라기도 하지만, 그래도 하구는 물별의 속삭임처럼 포근하다. 지는 해를 바라보는 것만으로도 행복감이 물밀듯이 다가오는 사하구 다대포 몰운대성당 앞 공터엔 2010년 3층 규모의 낙동강하구 아미산전망대가 들어섰다.
 1960~70년대 해마다 80만~100만 마리의 철새가 날아들었다던 동양 최대의 철새도래지 낙동강 하구 을숙도(乙淑島). 새가 날 땐 하늘 절반이 덮였다

는 이야기도 이제는 전설로 남았을 뿐, 하구둑과 갈대숲을 매립해 '무지개공단'이 들어선 뒤로 굴뚝 연기가 철새를 대신하고 있다.

천연기념물 제179호로 문화재보호법, 연안오염특별관리법, 습지보전법 등 5개의 크고 작은 법으로 보호를 받는 우리나라의 대표적인 자연문화자산이지만 이곳엔 지난 1987년 거대한 하구둑이 들어선 이래, 분뇨처리장, 쓰레기매립장에 이어 또다시 을숙도 남단을 지나는 을숙도대교가 들어섰다.

그런 와중에 생태교육장을 표방하는 낙동강하구에코센터가 자리 잡았고, 다대포 아미산에는 전망대가 세워졌다. 개발과 보전의 첨예한 대립 가운데서도 낙동강 1300리 물길과 태평양 바닷물이 만나서 빚어낸 낙동강 하구 모래톱은 지금도 여전히 살아 꿈틀거리는 한 폭의 동양화를 그리고 있다.

이곳을 찾는 외국인들이 연신 원더풀, 어메이징이라며 감탄해마지 않는 '신이 내린 정원' 낙동강 하구 을숙도는 우리 부산의 자랑이자 원죄이다. 천연기념물 보호지역 안에 자리 잡은 거대한 쓰레기장은 우리의 탐욕 덩어리이기도 하다. 이제 이러한 을숙도를 과거 개발지상주의에 대한 반성과 자연과의 공존을 바탕으로 세계적인 생태 필드 뮤지엄(Field Musium)으로 거듭나게 할 순 없을까?

조건은 다 갖춰져 있다. 중요한 것은 부(負)의 유산인 을숙도 쓰레기매립장, 분뇨해양투기장을 오히려 그대로 살려 반면교사 교육의 장으로 삼자는 것이다. 1990년대 중반 우리 부산시민이 1인당 적어도 자기집 쓰레기 몇kg씩을 묻어둔 쓰레기매립장 입구에서부터 필드 뮤지엄을 시작하자는 것이다.

실제로 을숙도매립장은 지난 1993년 6월부터 1996년 3월까지 국가지정 문화재보호구역이던 곳을 쓰레기 매립 후 철새도래지로 자연복원하는 조건으로 당시 문화재관리국으로부터 허가를 받아 1차 매립장(면적 297,654㎡) 및

2차 매립장(면적 191,740㎡)을 조성하였다. 매립용량이 407만㎥이니 당시 4백만 부산시민 운운 하던 시대를 감안하면 부산시민 1인당 1㎥ 이상의 생활쓰레기를 묻어둔 현대판 조개무지이자 타임캡슐이 있는 곳이다.

이제 쓰레기가 묻힌 지 20년이 훨씬 넘어 어느 정도 지반도 안정되고 있다. 이곳에 대한 사전조사를 거쳐 적절한 시기에 쓰레기장 입구 한 곳을 잘 잡아서 쓰레기장 안을 굴착해 터널로 만들어 마치 경주 신라 천마총 같은 형태로 들어가게 해서 그곳을 생활쓰레기 박물관 또는 리사이클 아트갤러리로 만들면 어떨까?

여기 일부 구간을 투명유리로 만들어 우리가 버린 쓰레기를 하나하나 살펴보면서 산업시대 성장지상주의 시대의 대량생산과 대량유통 대량소비 과정을 되돌아보고 반성하는 시간을 갖도록, 폐기물을 이용한 아트갤러리가 들어서도 좋을 것이다. 그리고 더 나아가 쓰레기장 안을 뚫고 나가서는 인근 옛 똥다리 주변을 지하로부터 투명유리를 통해 이탄층부터 갯벌의 단면을 보고 막바지엔 갈대밭을 보면서 올라오도록 설계해보자.

낙동강 하구의 대표적인 식물인 새섬매자기가 있는 남단 갯벌의 초입과 쓰레기장의 조화가 핵심이다. 이때 공간은 적어도 우리 인간이 게나 고둥과 같은 심정으로 갯벌 안을 오감으로 느낄 수 있는 형태로 디자인하면 더 실감이 나지 않겠는가. 일본의 세계적인 건축가 안도 다다오(安藤忠雄)의 나오시마(直島) '지중미술관'의 발상을 조금은 끌어들여도 나쁘진 않을 것 같다.

또한 1990년대 초부터 부산지역 분뇨를 모아 동해 해양투기 허가지역으로 가는 배에 옮겨 싣는 장소였다가 2005년부터 장림하수처리장으로 분뇨처리 업무가 이관된 뒤 흉물스럽게 방치되고 있는 을숙도 분뇨해양투기장에는 정말 바다를 보면서 시원하게 통쾌, 상쾌, 유쾌를 외칠 수 있는 최고급 공중화장실이 구비된 '을숙도국립호텔'로 만들 순 없을까. 그러고는 이 필드 뮤지엄의 이름으로 우선 생각나는 게 「탐욕의 끝은 어디인가?」이다. 줄여서 그냥 「필드 뮤지엄 '탐욕의 끝'」으로 해도 되겠다.

이러한 필드 뮤지엄의 발상은 아직 다른 어느 곳에서도 실현된 곳이 없다. 스페인 빌바오의 구겐하임미술관을 부러워할 필요가 없다. 이 필드 뮤지엄의 발상은 을숙도이기 때문에 가능하다고 본다. 그것도 그 안에 우리가 쓰레기장을 만들었고 분뇨해양투기장도 그대로 남아 있는 데다 그곳 주위로 을숙도대교가 놓여 있기에 역설적으로 가능하다. 이렇게 보면 쓰레기처리 시설을 철거해버린 것이 오히려 아깝다는 생각이 들 정도이다.

사실 쓰레기매립장 하나만 보면 우리나라에도 이를 새롭게 생태교육시설로 활용한 좋은 사례가 있다. 바로 서울의 하늘공원이다. 과거 난지도 쓰레기매립장에 나무를 심고 풍력발전소를 세우고 해서 생태공원으로 탈바꿈했다. 그런데 이 하늘공원도 사실은 독일의 뮌헨 올림픽파크를 벤치마킹한 것이다. 과거 2차 대전 막바지 공습으로 인해 폐허가 된 쓰레기더미 위에 이를 생태적으로 재생해 조성한 곳이 바로 올림픽파크이다.

또한 투명유리로 갯벌의 단면을 보는 것은 도쿄임해공원이나 시가현의 비와호박물관에 가보면 작은 규모이지만 인공적으로 만들어놓은 곳은 있다. 그러나 을숙도처럼 쓰레기장을 파고 들어가서 갯벌을 통해 나오는 발상은 미추(美醜)의 대조를 통한 감동의 증폭을 유발하기에 충분하다고 본다.

이러한 발상을 현실로 옮기기 위해서는 단순히 기술적인 접근으로 가능한 것이 아니다. 우선 부산시부터 그간의 개발지상주의적 정책에 대한 뼈저린 반성과 발상의 전환에서부터 시작해야 한다. 논란이 쉽게 가시지 않는 '오페라하우스 건립안'의 경우처럼 외국의 대표적인 상징시설을 부산항 북항에 건립하는 것보다는 지역성에 바탕을 두고 부산의 생태적 마인드를 세계에 발신하려는 창의적 사고가 필요하지 않을까.

 이 같은 제안에 대해 보다 다양한 전문가들이 머리를 맞대고 힘을 모아 사포지향 부산의 낙동강 하구 미래 장기 비전을 먼저 세워야 한다. 사진작가 최민식의 작품에 나오는 나룻배와 하단포구를 살리고, 명지나 하단의 먹을거리를 살리고, 낙동강 하구의 숙소, 다대포의 볼거리를 고민하는 그런 '통 큰 플랜'이 필요한 시점이다. 이것은 시민단체가 추진하는 '낙동강 국가도시공원'의 플랜과 연결해도 될 것이다.

 전남 순천만 생태공원보다 수십 배 아니 수백 배 더 잠재력을 가진 낙동강 하구를 이렇게 무시하는 도시가 되어선 안 된다. 이제야말로 부산의 도시 경영자에게 필요한 것이 부산다움에 대한 진지한 탐구, 상상력과 재미, 그리고 시민과의 끝없는 소통과 대화라는 사실을 을숙도는 갈구하고 있다.

을숙도 하구를 철새공화국으로, 진우도를 생태보물섬으로 만들자

을숙도 철새공화국 헌법 '제1조 을숙도 철새공화국은 평화공화국이다. 제2조 을숙도 철새공화국의 영토는 낙동강 하구 문화재보호구역 일원으로 한다. 제3조 을숙도 철새공화국의 국민은 생명과 평화에 대한 사랑을 근본으로 삼아야 한다.…'

2001년대 12월 당시 명지대교(지금의 을숙도대교) 공동대책회의가 '낙동강 하구 보전을 위한 시민한마당'을 열고 '을숙도 철새공화국'을 선포하면서 내세운 을숙도 철새공화국의 헌법 조문의 일부이다. 부산시민으로서 필자는 개발주의에 대한 철저한 반성과 사과의 징표로 부산시가 앞으로 을숙도를 '을숙도 철새공화국'으로 지정하고 공식적으로 선포해야 한다고 생각한다. 지금이야말로 부산시와 시민이 철새로 대표되는 자연과의 '외교적 관계'를 새롭게 수립해야 할 때이다.

낙동강 하구의 가치는 연간 4조4500억 원으로 새만금의 26배라고 한다(파이낸셜뉴스, 2005.3.27). 부산발전연구원 송교욱 선임연구위원(현 부산연구원장)은 '낙동강 하구역의 생태·경제학적 가치평가와 관리방안에 관한 연구'에서 을숙도의 상징인 갈대는 4억2700만 원, 재첩 등 저서생물은 14억5000만 원, 물고기는 27억9000만 원, 하구의 주인이라 할 수 있는 새는 22억2000만 원, 갯벌은 8억8000만 원 등으로 이들 자원의 가치를 포함해 태양·바람·비·파도 등 낙동강 하구가 가진 순수한 자연환경의 가치가 연간 총 4조4500억 원이라고 밝혔다.

이제 이러한 낙동강 하구의 가치와 부산시와 시민의 창조적 발상을 지금 새로운 낙동강 하구의 지속가능한 발전과 현명한 이용에 적용해야 한다. 을숙도 철새공화국과 비슷한 민간의 발상은 강원도 춘천 남이섬에서 성공신화를 만들어냈다. 2001년 (주)남이섬이 들어서더니 2006년에는 아예 '나미나라공화국'으로 독립 선언을 했다.

한때 쓰레기와 고성방가가 난무했던 유원지 남이섬이 지금은 한해 200만~300만 명이 찾는 우리나라의 대표적인 생태관광지로 변했다. 그것은 나미나라공화국이라는 발상에서부터 시작됐다. 1943년 춘천 청평댐이 건설되면서 조각배 같은 현재 모양의 섬이 된 남이섬은 넓이가 50여 만㎡, 둘레가 6㎞ 정도이니까 부산시민공원 부지와 비슷한 면적이다. 이곳의 자연은 1965년부터 이 섬을 매입한 한 개인이 메타세콰이어, 잣나무, 은행나무 등을 대대적으로 심어 일궈놓은 인공림이다. 1970~80년대 대학생들의 모임장소나 강변가요제 개최지, 혹은 영화촬영지 정도로 알려졌던 남이섬은 디자이너 한 사람의 참신한 아이디어에서 새로운 변신의 계기를 맞는다.

디자이너 강우현 씨는 2001년 빚더미이던 (주)남이섬에 주주가 경영에 간섭하지 않는 조건으로 월급 단돈 100원짜리 사장이 됐다. 2006년에 선포한 나미나라공화국은 '재미와 상상력의 천국'이다. 우선 이 섬나라에 들어가기 위해선 육지에서 이 나라 여권을 가져야 한다. 승선권이자 입장권을 여권으로 바꾼 발상이 재미있다.

　나미나라공화국은 나미나라 국기와 상징이 있고 나미나라공화국 관광홍보청 로고, 그리고 소방서에서 폐기하는 소방차를 사다가 새롭게 디자인한 나미나라소방청 소속 소방차도 있다. 이 소방차는 불이 나면 불을 끄지만 여름에는 시원한 분수쇼를 펼친다. 게다가 이 나라는 상평통보를 모델로 해서 만든 별도 화폐가 있어 각국 화폐와 환전이 된다.

　나미나라공화국은 동화적 상상이 섬 전체에 번득이는 그런 곳이다. 서점, 가게 갤러리, 식당, 마트 등이 있지만 다방이나 카페, 술집은 없고, 섬내 교통은 주로 자전거와 예전 놀이시설로 쓰던 철도가 있다. 또한 이곳에는 세계적인 자선재단인 유니세프나 환경운동연합이 들어와 각종 행사도 하고 아트숍도 운영한다.

　남이섬은 섬을 둘러싸고 흐르는 강물은 말할 것도 없고 아름답게 자란 메타세콰이어 가로수를 비롯해 아름다운 숲이 자랑거리이다. 게다가 이곳은 재활용 쓰레기도 예술로 바뀌는 곳이다. 소주병 3000개를 모아 '이슬공원'을 만들었고 버리는 캔을 우겨 붙여 벤치로 만들어놓는가 하면, 버리는 변기를 주워 모아 훌륭한 화분으로 바꿔놓았다.

　또 하나 인상적인 것이 나미나라공화국의 국립호텔이다. 예전의 허름했던 장급여관을 리모델링해 별 다섯 개의 특급호텔로 만들었는데 객실 하나하나를 화가들이 자신의 화풍으로 방을 꾸몄고, 호텔 방안에는 TV 대신 소형 라디오 한 대가 있을 뿐이다. 그래도 투숙객들이 자신들의 사랑이야기를 방명록에 솔직히 적어놓고 가는 그런 곳이다.

강 대표는 남이섬에 대해 이런 방침을 갖고 있다고 밝혔다. "남이섬은 개발하지 않는다. 그러나 지혜를 개발한다. 투자받지 않는다. 그러나 문화예술에 투자한다. 경영하지 않는다. 그러나 자기를 경영한다"고. 남이섬은 문화예술과 자연생태가 잘 어우러진 관광지이지만 무엇보다 창조적 발상이 만들어낸 매력적인 생태관광지라고 할 수 있다.

이러한 남이섬의 가능성을 가진 낙동강 하구의 땅이 있다. 바로 '진우도'이다. 진우도는 한 100년 정도 걸려 만들어진 모래섬이다. 1956년 이곳에 진우원(眞友園)이라는 고아원이 세워지면서 진우도로 불리게 됐다고 하는데 1959년 사라호 태풍 때 피해를 많이 입어 육지로 철수한 이래 지금은 낡은 건물과 주변에 동물 사육장 시설 정도가 남아 있다. 무인도로 알려져 있지만 공유지와 더불어 상당 부분은 사유지(농심 소유)다.

이곳 진우도는 한국내셔널트러스트 보전대상지 시민공모전에서 '꼭 지켜야 할 자연문화유산'에 선정된 섬이기도 하다. 모래밭과 펄갯벌, 육상림이 동시에 존재하는 국내에서는 거의 찾아보기 어려운 자연경관과 물수리, 솔개, 황조롱이, 도둑게, 동백꽃, 띠풀 등 다양한 생물상을 안고 있는 '생태보물섬'이다. 섬 동쪽은 신자도, 장자도, 대마등, 백합등 등의 작은 모래섬이, 서쪽으로는 눌차도와 가덕도가, 남쪽은 띠풀과 넓은 모래밭이 펼쳐져 있고, 북쪽으로는 명지, 신호리와 이어지는 광활한 갯벌이 있다.

필자는 20년 전부터 가끔 이곳을 환경단체 회원들과 찾은 적이 있는데 예전에는 이곳 섬에 들어서면 거의 무인도처럼 사방이 오로지 자연밖에 없었다. 그런데 지금은 육지 쪽을 보면 병풍을 친 것 같은 아파트가 살풍경으로 다가와 안타까운 면도 있지만 그래도 아직은 부산에서 찾기 힘든 '원풍경'이 남아 있다. 육지에서 떠내려온 쓰레기도 많다.

이제 진우도에 남이섬의 상상력을 풀어 놓아보면 어떨까. 진우고아원의 건물을 리모델링해서 자그마한 생태자료관, 방문자센터로 만들고, 필요한 곳에 길을 정비하고, 자연을 만나는 땅, 새로운 생태도시 부산의 역사를 이곳에서 한번 써보는 게 어떨까 싶다. 물론 전제가 있다. 진우도 생태계의 한도를 벗어나지 않게끔 제한된 방문, 생태조사에서부터 시작해야 한다.

부산 낙동강 하구에 별도의 '(개발에 대한) 반역의 땅, 낙동강하구 철새공화국'이 생기고, 그중 진우도가 생태보물섬 진우도로 우리나라 생태관광의 메카로 거듭나는 꿈, 그 꿈을 부산시와 우리 시민이 함께 이뤄나가자.

을숙도 내의 기존 시설계획을 종합 검토한 뒤 부산시 차원의 을숙도생태관광마스터플랜 수립이 절실하다. 그리하여 낙동강 하구 물길과 발길을 제대로 잇고, 하구 둑을 헐어 재첩을 살리고, 고니를 비롯한 철새의 천국을 만들고, 전통나루·나룻배·뱃길을 복원하고, 갈맷길을 연결해 생태체험 코스로 만들자. 그리고 낙동강 하구 문학과 문화 등 하구생태문화를 발굴하는 일, 그리고 명지·다대포·하단 일대에 지역 먹거리타운을 조성하는 일, 크루즈관광객이 부산에 올 때 사전예약제로 반드시 들러야 할 '신이 내린 정원, 낙동강 하구'로 만드는 일, 이 같은 그랜드디자인을 우리 함께 설계할 때이다.

부산형 사회적은행인
부산마중물은행을 설립하자

 '돈 돈이로구나 잘난 사람도 못나게 하고 못난 사람도 잘나게 하는 돈 돈 돈 돈 봐라 돈'. 평안도 민요 〈돈타령〉 가사의 일부이다.
 '돈 봐라 돈 좋다 돈 좋다 돈 봐라 잘난 사람은 더 잘난 돈 못난 사람도 잘난 돈 맹상군의 수레바퀴처럼 둥글둥글 생긴 돈 생사지권을 가진 돈 부귀공명이 붙은 돈 이놈의 돈아 아나 돈아 어디를 갔다가 이제 오느냐 얼씨구나 돈 봐라 돈 돈 돈 돈 좋다 돈 봐라'. 판소리 홍보가에 나오는 〈돈타령〉이다.
 돈 때문에 사회적으로 가치 있는 일을 펼치는데 엄청난 제약을 받고 있다. 돈이 원수인 경우도 많다. 그런데 '착한 돈'으로 세상을 바꿀 수는 없을까? 부산지역의 사회적, 경제적, 생태적 가치를 담은 사업을 지원하는 '부산형 사회적은행'을 한 번 제대로 만들어보면 좋지 않을까?
 지난해 2월 지역혁신사랑방 와지트(상임대표 임재택 부산대 명예교수)의 월례

회에서 이동환 부산사회적경제네트워크 본부장은 '부산지역 사회적 생태계의 문제점과 개선방향'을 주제로 다음과 같이 발표했다.

'부산의 사회적경제기업은 사회적기업(199개, 고용인원 2,462명), 마을기업(75개, 인원 1,183명), 협동조합(739개, 인원 1,697명) 등 총 1112개 기업에 총 5730명이 일한다. 근로자 평균임금이 전국 평균의 74.7%, 평균노동생산성이 62.9% 수준으로 활동성, 운영성과, 임금수준 면에서 실제 활동력이 상대적으로 낮다. 사회적경제예산도 부산시의 경우 107억 원으로 서울시의 10분의 1수준에 그친다. 부산시의 사회적경제 지원사업은 중앙정부의 사업 또는 매칭사업이 대부분으로 독자적인 정책사업이 상당히 부족하다. 민관협력거버넌스가 제대로 이루어져 있지 않고 사회적경제 당사자 조직들 간의 네트워크가 형성돼 있으나 활동성과는 미약하다. 그중 상근인력의 부재, 부산시와의 정책파트너 역할이 미미하며 특히 도시재생·항만도시·고령화 등 부산지역 특성과 연계한 특화사업, 지역화사업이 거의 없다. 이러한 문제를 해결하기 위해선 인재양성, 판로 개척, 사회적금융 구축, 경영지원, 협동사업 등 핵심자원의 공유시스템 구축이 중요하고, 민관거버넌스로 지역문제를 해결할 정책과 사업의 공동생산 및 실행, 그리고 사회적경제기업의 주기별 수요에 맞추는 지속가능한 성장 지원이 필요하다. 이러한 문제를 해결하기 위해선 사회적경제기업을 지원할 사회적금융 생태계를 만들어야 한다.'

이날 토론에 참여한 허화 부산대 명예교수는 부산시 주도로 부산은행 IBK기업은행 한국거래소 등 문현금융단지 부산국제금융센터(BIFC) 입주기관이 CSR(기업의 사회적 책임) 차원에서 사회적기업을 지원하는 사회적금융에 적극 참여하게 할 필요가 있다고 밝혔다. 이광호 전 부산민주공원 관장은 사회적경제 지원을 위한 사회적경제지원재단의 필요성을 강조했다. 한편 부산에서는 2019년 2월 (사)부산사회적경제유통상사가 발족됐다. 부산시가 5000만 원을 지원해 사회적경제기업이 생산하는 제품을 공공, 민간(백화점, 마트 등)에 판매하는 사회적경제전문 유통기구이지만 시의 지원 규모가 크지는 않다. 국가 차원에서는 지난해 1월 (재)사회가치연대기금이 발족돼 사회적경제조직에 출자, 대출하는 기구를 추진 중인데 이에 대해 부산시를 비롯해 각 지자체의 실질적인 관심과 지원이 필요한 때이다.

필자도 2016년 11월에 부산경실련 창립 25주년 및 (사)시민대안정책연구소 창립을 기념해 부산시의회 회의실에서 열린 세미나에서 '부산형 사회연대은행 창립의 필요성과 방향'이란 주제 발제자로 나서 가칭 '부산마중물은행'을 제안(부산일보, 2016.11.2)한 바 있으나 그 뒤 진척이 이뤄지지 않고 있어 아쉬운 마음이다.

그러면 우리나라에서 사회적금융의 대표 격인 사회연대은행의 사례를 한번 살펴보자. 사회연대은행(이사장 김성수)은 2004년 돈이 아니라 연대(連帶)를 저축하고, 이자가 아니라 연대정신을 높이는 것을 목적으로 발족해 사회적금융 활동을 펴오고 있다. 각 분야 전문가들이 참여해 창업기획에서부터 경영기술자문, 판로개척 등을 통해 가난한 사람들의 자활의지를 북돋우고, 사회혁신을 함께 이뤄가고 있다. 그간의 노력으로 영세 자영업 2500여 개소와 어려운 대학생 4000여 명을 지원했으며 사회혁신가 및 사회적경제조직 1000여 개소를 도왔다. 사회연대은행은 사회적금융 시스템 도입과 대안신용평가모델 구축을 통해 사회적금융의 역할도 수행해왔는데 그동안 금융지원의 경우 창업자금에 2358건 461억5200만원, 사회적경제조직 자금에 260건 138억8800만 원을 지원했다.

사회연대은행이 2006년 서울신용보증재단, 신한은행과 함께 한 '저소득층 창업 및 자활지원 특례보증 사업'은 벤치마킹할 만하다. 사회연대은행의 심사를 거친 저소득층을 대상으로 서울신용보증재단이 자활특례보증을 하고, 이를 기반으로 신한은행이 창업자금을 대출해주었다. 이러한 사업을 통해 담보나 신용기록이 없는 저소득층도 신용보증제도를 활용해 소액 창업자금을 시중은행에서 빌릴 수 있었다. 이 사업을 통해 창업의 꿈을 이룬 무지개가게는 24곳, 총3억9700만 원이 지원되었다. 1인당 지원규모는 최대 2000만 원이었다. 이러한 사업에 힘입어 사회연대은행은 2008년부터 사회적기업, 마을기업, 협동조합 등에 지원하는 '사회적금융(social finanace)'을 시행하고 사회적 기업가 발굴 및 지원시스템 개발, 새로운 금융기법 활용 등을 위해 역량을 축적하고 있다.

국내에는 이밖에도 지역에 따라 사회적금융이 실험적으로 도입되고 있다. 그중 하나가 '사람을 살리는 착한 은행' 주빌리은행이다. 주빌리은행(명예은행장 유종일)은 돈을 버는 은행이 아니라 사람을 살리는 은행임을 강조하며 2015년 8월 출범했다. 은행법에 근거해 설립된 은행이 아니라 세상을 향해 은행의 사회적 책임이 무엇인지를 묻는 사회운동으로 우리나라가 빚 때문에 사람이 죽어야 하는 비정하고 가혹한 사회가 아니라는 것을 증명하고자 하는 프로젝트라고 한다.

주빌리은행은 사단법인 희망살림이 미국의 시민단체인 'Occupy Wall Street(월가를 점령하라)'의 롤링주빌리 프로젝트-장기연체채권을 금융사들이 2차 채권시장에 헐값으로 매각하고 있는 점에 착안해 시작한 운동-에 영감을 얻어 시작됐다고 한다. 2014년 4월, 1차 채권소각을 시작으로 2018년 11월 45차 소각까지 총 5만615명이 빚을 탕감받았다. 지금까지 소각한 채권 원리금만 약 8002억 원, 부실채권 매입금액이 약 3억9600만 원으로 불법추심에 시달리던 장기 연체자들이 빚의 고통에서 벗어날 수 있게 했다. 2014년 7월 제2차 채권소각부터 시민단체, 종교계가 합류하고, 지자체 특히 성남시가 관심을 가지면서 범사회 연대운동으로 발전해 왔다. 성남시는 성남시 금융복지상담센터를 설립해 채무자 및 일반시민이 상담을 통해 채무조정, 재무상담, 복지연계를 통해 새 출발을 할 수 있도록 지원해왔다. 2015년 8월 주빌리은행이 출범하면서 장기 연체된 부실채권을 직접 매입하여 보다 많은 채무자가 혜택을 받을 수 있게 빚 탕감 운동을 확대해 나가고 있다.

우리나라엔 장발장은행(은행장 홍세화)도 있다. 벌금미납으로 교도소에 갇히는 이 시대 장발장들의 고통을 조금이라도 줄여주기 위해 2015년 2월 설립됐다. 2015년 한 해 동안 죄질이 나쁘거나 위험한 이들도 아닌데 돈이 없어서 교도소에 갇힌 사람이 4만7855명이었다. 장발장은행은 당초 벌금형 제도를 개선하기 위해 2013년 출범한 '43199위원회'가 발전된 형태이다. 43199는 2009년 노역장 유치건수(4만3199건)를 의미한다. 장발장은행은 2018년 12월 현재 모두 53차례 대출심사를 해 626명에게 총 11억7303만7000원을 대출해줬다. 310명이 대출금을 상환하고 있으며 100명이 대출금 전액을 상환했다. 총 상환금이 2억8029만7000원이다(연합뉴스, 2018.12.29). 법학전문대학원 교수 등 7인으로 대출심사위를 구성하는데 신청자대비 대출비중은 15% 정도라고 한다. 소년소녀가장이나 미성년자, 기초수급권자와 차상위계층이 우선 심사대상이지만 음주운전·성범죄·대포통장 관련자는 대상에서 제외된다. 모두 신용조회 없이, 무담보, 무이자로 돈을 빌려준다.

눈을 국외로 돌려보면 선진국에는 이미 수십 년 전부터 사회적은행이 생겨 이제는 뿌리를 튼튼히 내리고 있다. 사회적은행이 생겨난 가장 큰 이유는 '나쁜 돈이 세상을 망치고 있다'는 데서 출발한다. 우리도 모르는 사이에 우리가 은행에 저금한 돈의 일부가 전쟁자금으로 쓰여 죄 없는 어린이를 죽이기도 하고, 잘못된 국책사업에 흘러가 멀쩡한 강산을 파괴하기도 한다. 이러한 '나쁜 돈'이 아닌 '착한 돈'으로 세상을 바꾸고자 하는 노력이 선진국에서 사회적은행으로 나타났다. 그래서 사회적은행을 윤리은행이라고도 한다. 세계 주요 사회적은행으로는 트리오도스은행(네덜란드), ASN은행(네덜란드), GLS은행(독일), 뱅크에티카(이탈리아), 콜레보러티브은행(영국), 자선은행(영국), 대안은행(스위스), 에코은행(스웨덴), 뉴리소스은행(미국), 그라민은행(방글라데시), NPO은행(일본) 등 다양하다.

이러한 사회적은행의 활동은 사회책임투자를 실현하는 것이기도 한데 '무기산업이나 원자력발전에는 투자하지 않는다' '환경과 사회에 공헌하는 기업이나 사업에만 투자한다'는 방침을 가진 투자펀드도 많다. 네덜란드의 5대 은행에 들어가는 트리오도스은행(ToriodosBank)은 1980년 설립된 윤리은행으로 네덜란드는 물론 벨기에, 독일, 영국, 스페인에도 지점을 갖고 있다. 이 은행은 '사용처 지정형' 계좌가 있어 클러스트폭탄, 지뢰, 핵무기, 우라늄무기 등 4대 무기 제조기업에는 투자하지 않는다. 대신에 공정무역, 유기농가, 창조적 문화예술단체, 재생가능에너지 프로젝트, 사회적기업 등을 지원한다. 2005년 말 현재 총자산규모가 14억4500만 달러이며 토리오도스은행은 최초로 '그린펀드(Green Fund)'를 출시해 친환경프로젝트를 대상으로 암스테르담 증권거래소에 상장했다. 2012년 말 현재 이 은행에는 약 40만 명의 예금자가 가입하고 있다. 네덜란드 정부는 이러한 환경보전형 예금 및 투자 등 '사용처 지정형' 계좌에 대해서는 세제 우대를 하고 있다.

독일의 GLS은행은 1974년에 설립됐다. 주로 문화, 사회, 환경벤처에 자금을 빌려주는 사회공헌을 목적으로 한 협동조합 형태의 은행으로 GLS(Gemeinschaftsbank für Leihen und Schenken)는 영어로 'Community bank for loans and gifts(대출과 기부를 위한 지역은행)'이다. 총 자산규모는 2006년 말 현재 6억4500만 유로에서 2008년 10억1300만 유로, 2010년 말에는 18억

4700만 유로로 증가했다. 2010년에 1만8000명의 신규 고객을 확보했으며 2011년 2월 GLS는 은행 역사상 최대 규모인 37% 성장을 기록했다. 2016년 12월 현재 4만6000여 명의 회원을 보유하고 있다.

일본의 NPO은행은 지역주민들의 생활자금을 저리로 대출하는 은행으로 1994년 '미래은행 사업조합'이 도쿄에 설립했다. 이후 가나가와, 홋카이도, 나가노 등 일본 곳곳에 NPO은행이 설립돼 현재 20여 곳에 이른다. NPO은행은 은행기관이 아니기 때문에 예금을 취급할 수 없기에 출자금 및 기부금을 조달하는 형태로 자금을 운용하고 있다. 어떤 NPO은행도 원금 보장을 하지 않으며 출자에 대한 배당을 실시하지 않는 특수한 구조이다. 규모는 작지만 주로 NPO나 환경주택건설사업 등에 융자를 하고 있는 것이 특징이다. 일본에서 2005년 3월 '계좌를 바꾸면 세계가 바뀐다. 3억 엔의 에코저금 실천!'이란 캠페인을 전개해 5개월 만에 목표액을 모금했으며, 2007년 5월 현재 약 1000명에 총액 5억5000만 엔 규모다.

이러한 사회적은행의 효과는 어느 정도일까? 사회적은행이 글로벌 메가은행(대규모 은행)을 재무실적 면에서 능가하고 있다는 자료도 있다. 2007년부터 2010년의 4년간을 볼 때 미국 서브프라임 문제가 불거져, 특히 리먼 쇼크, 유럽채무위기와 국제적인 금융위기가 잇달아 표면화된 금융 격동기에 매우 어려운 환경이었으나 사회적은행이 대규모 은행보다도 전체적으로 좋은 성적을 냈다는 것이다. 가령 대규모 은행은 서브프라임 문제를 필두로 해 받아들인 증권화상품이 불량채권이 됨으로써 자금공급력(대출/자금비율)이 4년간 1.36% 하락한 데 비해 사회적은행은 단순평균으로 0.18% 정도 감소하고 가중평균으로는 2.29%나 증가했다는 사실이다. 대출/자산비율 자체는 총 70% 전후(가중평균으로는 72.71%)로 대규모 은행(37.25%)의 배 정도로 그만큼 사회적은행의 자산효율이 높다는 것이다. 이처럼 사회적은행은 '돈의 행방'을 보이게 함으로써 투융자에 대한 예금자 투자자의 신뢰를 얻고 있음을 알 수 있다.

이러한 점에서 사회적경제와 사회적금융의 연결이 절실히 요구된다. 사회적기업, 마을기업, 협동조합과 같은 사회적경제를 활성화하고 지속가능사회를 만들기 위한 사회적금융 시스템의 구축이 절실하다. 이런 차원에서 나는 부산형 사회연대은행과 같은 사회적은행으로서 '부산마중물은행(가칭)'의 설립을 제안한다.

첫째, 부산마중물은행의 목적과 주 사업을 어떻게 잡을 것인가를 부산지역 사회가 깊이 고민할 필요가 있다. 명칭도 부산마중물은행, 부산시민행복은행, 부산두레박은행, 부산시민연대은행 가운데 어떤 것이 적절할까? 명칭은 목적사업이 잘 드러나도록 해야 한다. 주된 사업으로 종래의 마이크로크레딧사업이 타당한지도 검토할 필요가 있다. 영세 소상공인, 대학생 부채, 단전단수세대, 청년창업, 베이비부머창업, 사회적기업, 시민단체 복지프로그램 지원 등 어떤 사업이 절실하고 또한 가능한가? 사회적 약자만 지원할 것인가? 일반시민의 긴급 생활자금대출도 가능하게 할 것인가? 단계적으로 사업을 얼마나 확대 또는 집중할 수 있을 것인가? 등 부산지역사회의 요구가 어떤 것인지를 고민하고, 이에 따라 어떤 사회적은행을 만들 것인지 깊이 있는 논의가 필요하다.

둘째, 재원조달을 어떻게 할 것인가 하는 문제이다. 이와 관련해서는 초기 재원이 얼마나 필요한가? 연 예산규모는 얼마나 될까? 초기 재원을 어떻게 마련할 것인가? 실질적으로, 구체적으로 어떻게 자금을 이끌어낼 것인가? 그리고 펀드도 함께 할 것인가? 재능기부은행 또는 생활품앗이, 렛츠, 지역화폐 형태를 도입할 수 있을 것인가? 등 다양한 논의가 필요하다. 이 가운데 특히 저소득창업 보증사업과 관련해서는 부산신용보증재단과의 연계가 중요하다. 부산신용보증재단은 1997년 6월 설립 이래 성장 잠재력은 있으나 담보력이 부족한 부산 소재 중소기업 및 소상공인에게 사업자금 조달에 필요한 담보를 제공하고, 낮은 금리로 자금을 이용할 수 있도록 신용보증을 지원하고 있으며, 2016년 말까지 총 42만8000여 개 업체, 8조8000억 원에 이르는 보증을 지원해왔다. 부산지역 사회적경제기업 및 시민사회가 부산시를 적극 추동해서 부산은행을 비롯해 문현금융단지에 입주한 금융관련 기업이나 공공기관, 나아가 스포원과 같은 부산시 공기업이 자체 CSR(기업의 사회적 책임) 차원에서 기금을 출연해 설립하는 것이 바람직하다. 또한 부산은행을 비롯한 각종 은행의 경우 사회적 가치 실현을 목적으로 하는 '특정 목적형 계좌' 개설을 통해 지역은행과 지역사회의 '윈윈'의 사회공헌을 이끌어낼 필요가 있다. 이를 바탕으로 시민기부로 확산할 필요도 있다. 가령 부산시와 협력해 시민이 부산마중물은행에 100만 원의 재원 기부를 한다면 부산시와 회원사와 연계해 110만 원의 효용을 돌려주는 방식으로 참여를 유도할 수 있을 것이다.

셋째, 누가 조직운영을 할 것인가 하는 것도 매우 중요하다. 재원을 출연하는 기관이 직접 운영에 참여할 것인지 아니면 후원만 할 것인지? 이사장, 대표 등 어떤 사람을 내세울 것인가? 조직의 대표자는 저명성, 도덕성, 경영능력을 동시에 갖춰야 할 것이다. 그리고 이사회를 어떻게 꾸리느냐도 매우 중요하다. 총괄, 회계, 기획홍보, 소액대출사업, 교육사업 등 최소한의 적정인력을 몇 명으로 잡을 것인가? 시민참여, 특히 자원봉사자를 어떻게 모집하고 활용할 것인가? 기존 틀에서 좀 더 벗어난 참신한 아이디어, 재미있는 조직운영, 투명성, 홍보 파급효과가 있어야 할 것인데 더 좋은 아이디어를 어떻게 구할 것인가? 등 여러 문제에 대한 폭넓은 고민이 필요하다.

이러한 부산마중물은행을 만드는데 부산시가 적극 나서야 한다. 사회적은행이야말로 특히 청년이나 사회적 약자의 일자리 만들기와 직결되기 때문이다. 무엇보다 왜, 어떻게, 누가 이러한 사회적은행을 필요로 하는지 민관거버넌스를 통해 사회적 지혜를 모아야 한다. 그래야 부산이 산다.

부산시청 마당을 친환경 시민 아이디어 전시장으로

 2월 22일은 세계 습지의 날, 3월 22일은 세계 물의 날, 4월 4일 종이 안 쓰는 날, 4월 22일 지구의 날, 5월 31일 바다의 날, 6월 5일 세계 환경의 날, 6월 17일 세계 사막화방지의 날, 8월 22일 에너지의 날, 9월 16일 세계 오존층 보호의 날, 10월 16일 화학조미료 안 먹는 날, 12월 11일 세계 산의 날, 12월 29일 생물종 다양성 보호의 날.
 달력에는 잘 나와 있지 않지만 환경과 관련된 기념일이 빠진 달이 거의 없다. 이러한 기념일은 물론이고 평일에도 부산시청 주변 마당에는 정부와 부산시의 환경정책에 반대하는 1인 시위나 각종 집회 등이 끊이지 않고 있다. 그런데 시청이나 구청 마당을 시민의 친환경 퍼포먼스의 장으로 만들 수는 없을까. 그것도 좀 재미있게.
 이를 위해선 먼저 시청이나 구청 앞뒤 마당이 시민의 광장으로 열려야 한다. 그것은 시가 거버넌스를 통해 시민의 의견을 수렴하고 아이디어를 받아들이는 진정성을 먼저 보일 때 가능한 것이다. 21세기 거버넌스 시대 세계 선진도시의 시청 광장은 다양한 시민 아이디어의 펼침 터가 되고 있다.

우리 속담에 '거름 지고 장에 간다'는 말이 있다. 그런데 일본의 한 도시에 '거름 지고 시청 간다'고 하는 말이 있다면 믿겠는가. 일본 도쿄 역에서 철도로 약 1시간 거리에 있는 가나카와 현 가마쿠라 시의 경우 시청 건물 한쪽 구석 벽 아래 '퇴비장'이 있다. 시민이 자신의 집에서 가지치기를 하는 데서 나온 나무톱밥이나 볏짚, 텃밭 흙과 같은 유기농퇴비를 이 퇴비장에 갖다버리고, 이러한 것을 필요로 하는 시민은 시청 퇴비장에 가 퇴비를 담아간다.

이 같은 풍경은 환경마인드를 가진 시장이 있었기에 가능했다. 1993년 '환경지자체의 창조'를 공약으로 내걸고 출마해 시민단체의 압도적인 지지를 얻어 당선된 아사히신문 기자 출신의 다케우치 겐 시장은 1997년 재선에도 성공해 2001년까지 8년간 재임했다. 이러한 그였기에 시민의 아이디어를 받아들여 시청 건물 한쪽 벽에 퇴비장을 만들 수 있었던 것이다.

다케우치 겐 시장은 재임 중 시민활동을 지원하는 NPO센터를 청사 내에 두었다. 시청 앞 광장 바로 인근에 아예 기피시설인 소각장이 들어선 경우도 있다. 인구 13만 명 정도인 도쿄 도 무사시노 시는 시청 광장 바로 앞이 소각장인 클린센터이다. 무사시노클린센터는 민관파트너십의 대표적인 사례로 알려져 있다. 무사시노클린센터의 연돌은 녹색이며 센터 주변은 나무로 가득 차 그 자체가 공원이라는 느낌이 들 정도이다. 어떻게 도심 한가운데 그것도 시청 인근에 소각장이 들어올 수 있었을까.

무사시노클린센터는 가연성쓰레기, 비가연성쓰레기, 대형쓰레기, 유해쓰레기 등을 처리하는 시설로 최종처리장이다. 이러한 클린센터는 그냥 만들어진 것이 아니다. 1960, 70년대 당시 무사시노 시도 여느 시와 다름없이 쓰레기소각장 문제로 꽤 골머리를 싸맸다. 당시 자체 쓰레기소각장이 없던 무사시노 시는 인근 미타카 시의 소각장을 공동으로 사용해왔는데 미타카 시민의 민원 제기로 자체 소각장을 건립하기로 했다고 한다. 문제는 시내 어디에 건립할 것인가 하는 것이었다. 후보지 4곳이 나왔지만 주민들 간의 갈등이 많았다. 그래서 시민이 참여하는 청소대책위원회가 만들어졌고 나중에 '클린센터 건설 특별위원회'가 조직됐다. 이 위원회가 26회나 회의를 거듭한 결과 시청에 인접한 시영운동장을 건설용지로 하자는데 합의했고 그것이 지금 무사시노클린센터가 들어선 장소이다.

  이 센터는 1982년에 착공해 1984년에 본격 가동을 개시했고 같은 해 민관이 협력해 클린센터운영협의회가 만들어졌다. 이 협의회는 지금까지 35년 넘게 신뢰와 파트너십으로 운영 중이다. 무사시노 시의 경우 무사시노클린센터가 시청 인근에 들어선 이래 지금까지 쓰레기 문제와 관련된 민원이 제기된 적이 거의 없다고 한다. 무사시노 시의 사례는 시장이 시민의 의견을 수렴해 시청 앞마당에 소각장을 건립하는 수용성을 보여줌으로써 어떤 정책을 펴든 행정과 시민이 서로 신뢰하는 관계를 형성하게 됐다는 것이다.

  시청이나 구청 안에 시민의 발상을 끌어들여 이들이 활동할 수 있는 역할과 공간을 부여하는 사례도 있다. 그중 하나가 에너지상담창구인 에너지카페 같은 것을 설치하는 것이다. 이 에너지카페는 독일에서부터 시작됐는데 독일의 브레멘 시와 하노버 시가 이를 시청사에 설치해 좋은 평판을 얻었다. 독일에서는 지역의 전력 가스 수도 등의 사업을 하는 공익기업체가 고객 대상 상담창구로 카페를 병설해 쉽게 들러 상담할 수 있는 분위기를 만들어냈기에 이를 '에너지카페'라고 부른다.

  일본은 도쿄도 스기나미 구가 2006년부터 스기나미 지역에너지협의회 주관으로 에너지절약상담창구인 에너지카페를 열고 있다. 이러한 스기나미 구의 에너지카페는 2005년 11월 스기나미 지역에너지협의회의 회원이 독일을 다녀온 뒤 스기나미 구에 제안해 받아들여진 것이라고 한다. 현재 스기나미 구는 월 2회 에너지카페를 열고 있다고 한다. 매주 첫째, 셋째 주 화요일에 카페 문을 여는데 장소는 구청 로비이다.

에너지카페는 방문자가 커피 등을 마시면서 에너지절약 점검지를 기입해 주택, 가전제품 라이프스타일의 에너지절약을 분석함으로써 자신이 느낄 수 있도록 전문상담원이 조언을 해주는 것인데 이 방식은 환경가계부보다 훨씬 실질적이라고 평가되고 있다. 에너지카페는 지역의 시민단체 회원들이 중심이 돼 에너지 다이어트조사를 실시하는 데 전문성을 가졌다. 매년 협의회 회원이 소속된 생활클럽이나 생활협동조합의 조합원과 환경단체 회원 등 희망자 총 3000명에게 조사표를 배포하고 있다. 더욱이 종래 세대인수에 따라 단순 비교하던 것에서 바닥면적 당 평가를 더해 JIA(일본건축가협회) 환경행동위원회의 협력을 받아 주택의 온열환경에 관한 자기평가와 냉난방 등 계절의존 에너지와 계절비의존 에너지의 사용량 분석까지 한다고 한다. 이처럼 스기나미 구의 에너지절약운동이 잘 되는 것은 전문가의 자발적인 참여가 있기 때문이라는 것이다.

또한 스기나미구청은 2006년부터 지역에너지협의회와 공동으로 매년 10월에 구청 광장에서 이틀간에 걸쳐 '스기나미 구 환경박람회'를 개최하고 있다. 그 행사 내용도 재미있는데 우선 이틀간 행사장에 온 사람에게는 '지구에 친한 생활양식을 행사에서 발견해보자', '지구환경을 위해 우리들이 할 수 있는 것부터 시작하자', '가족과 함께 즐거운 환경이벤트에 참여하자' 등의 선전문구가 들어간 홍보지와 함께 '에코포인트'를 준다. 강연회나 체험형 부스에 참여하면 에코포인트를 얻을 수 있는데 가령 에코포인트를 10포인트

따면 행사장에서 100엔짜리의 물건을 살 수 있고, 200엔이면 전구형 형광등을 살 수가 있으며, 경우에 따라서는 에코포인트를 녹색기금으로 기부할 수도 있다고 한다.

'폐가전제품은 보물산 도시광산'이라는 코너엔 PC나 휴대전화에 귀중한 금속들이 많이 들어 있다는 사실을 일깨워주고, 시청 2층 로비에는 '녹색커튼' 코너가 있어 넝쿨식물을 통해 바깥기온과 온실의 차 등을 패널로 소개하기도 한다. 이 같은 환경박람회는 '쓰레기 제로'를 지향하고 있기에 행사장에는 별도의 쓰레기상자가 없다. 따라서 시민은 각자의 쓰레기는 각자 집으로 가지고 돌아가게 돼 있고, 또한 자원회수 박스를 설치해 종이류 캔 등 자원을 분리수거토록 하고, 자기 장바구니나 가방을 지참하며, 식기도 씻어서 재사용하는 식기만을 사용하게 하는 등 환경박람회는 그야말로 환경축제이자 교육의 장인 것이다.

이런 사례를 볼 때 우리 부산시청의 광장도 좀 더 새롭게, 좀 더 시끌벅적하게 만들어보는 것은 어떨까.

먼저 시청 광장에 새로운 형태의 친환경 퍼포먼스를 해보는 것도 좋을 것 같다. 우선 6월 5일 환경의 날이 있는 주간을 이용해 환경단체들이 시청 광장에 환경축제를 하도록 사전에 준비위원회를 구성하면 좋을 것 같다. 어떤 단체는 플라스틱 리사이클링을 호소할 수도 있고, 어떤 단체는 이곳에서 유기농제품 판매도 할 수 있을 것이다. 몇 해 전 일본 후쿠오카시를 방문했을 때 시청 인근 상가 건물에 투명한 플라스틱으로 설치된 커다란 곰 인형을 본 적이 있다. 이 곰 인형은 페트병의 수집을 위한 것으로 플라스틱 곰인형의 코, 팔, 다리 등으로 나눠 페트병과 뚜껑을 색깔별로 넣을 수 있도록 해놓았다. 지나가던 사람들이 색깔이 다른 페트병 뚜껑을 곰 인형의 코와 팔, 그리고 다리에 분리해 넣고, 그 인형 옆에서 기념사진을 찍는 모습은 인상적이었다.

실제로 일본에서는 페트병 뚜껑만을 모으는 운동을 대학 캠퍼스에서 전개하는 경우가 많다. 일본의 도쿄도시대학의 경우는 학생회가 중심이 돼 캠퍼스 안에서 페트병 뚜껑만 따로 모으는 캠페인을 벌이고 있다. 그 이유는 페트병 뚜껑을 분리하면 페트병 용기를 압축해 재활용 상자에 넣기 쉽고, 또한 페트병 뚜껑은 재생하면 돼지 축사의 밑깔개로 사용되는데 페트병 뚜껑의 원자재 가격이 상대적으로 비싸 이것을 모아 제3세계 어린이들에게 백신을 보내는 운동으로 연결하고 있다고 한다.

또한 시청 광장에 주말마다 농부시장(Farmers' Market)을 개최하도록 하면 어떨까.

구미의 웬만한 도시에는 이러한 주말 농부시장이 열리고 있다. 농부시장은 지역 농부들이 자신이 기른 농산품이나 농가공품을 직접 트럭 등에 싣고 나와서 도시 소비자들에게 파는 것이 원칙이다. 이러한 농부시장은 기존 백화점이나 대형마트 쇼핑에서 느끼지 못하는 재미가 있다. 영국 런던의 대표적인 농부시장인 보로우 마켓(Borough Market)은 영국의 5대 관광지 중의 하나라고 할 정도로 유명해져 농부시장 하나만 제대로 열어도 지역 관광에 도움이 된다는 것을 보여준다.

다만 우리나라의 경우 농부시장은 상품의 신뢰성이 가장 문제가 될 것 같다. 전국 축제들이 어디나 똑같은 팔도시장처럼 되지 않기 위해서는 지역 농가를 우선으로 하고, 생활협동조합과 같은 시민단체가 농가와 연결해 좀 더 책임성을 갖고 농부시장을 펼치는 것이 어떨지 모르겠다. 구체적인 방안은 여러 사람의 지혜를 모을 일이지만 부산시청 광장에 제대로 된 주말 농부시장이 열리면 정말 좋을 것이다. 덧붙이자면 자릿세도 좀 받아서 불우한 이웃을 돕는 시민기금으로 쓰면 금상첨화 아니겠는가.

  이러한 아이디어는 부산시청이나 구청 마당을 좀 더 친환경적이고 시민참여적인 마당으로 만들자는 취지이다. 이와 함께 시청이나 구청에는 각종 민원의 1인 시위나 집단시위도 많다. 이러한 것 또한 시청이나 구청에서 '신문고 공간'을 만들어 반대의 목소리라도 좀 더 적극적으로 펼치고, 이것을 시청이나 구청 관계자가 경청해 대책을 논의하는 장으로 만들어야 한다. 시청 구청까지 찾아간 시민의 분노와 하소연을 좀 더 체계적으로 수용하고 함께 풀어가는 것이야말로 민관거버넌스의 출발이 아닌가 싶다.

  이렇게 시청과 구청은 시민의 아이디어를 반영하고 또한 시민에게 시의 의지를 보이는 생활민주주의의 살아 있는 현장이 되어야 할 것이다. 앞으로 좀 더 '부산스런' 부산시청 광장을 기대한다.

'사람 중심 보행도시 부산'…
탈자동차 마인드와 자전거 재발견에서부터

민선 7기 부산시정이 2019년 1호 정책으로 발표한 것이 '사람 중심 보행도시'이다. '막힘없이 걱정없이 마실가듯 모두 다 같이 걷는 시민행복 부산'을 비전으로 내걸고 '내집 마당처럼 편안한 사람 중심 보행도시'를 정책 목표로 내세웠다. 보행길 5대 추진전략도 막힘없이(연속), 걱정없이(안전), 마실가듯(편리), 소풍가듯(매력), 모두다같이(함께)로 잡았다. 세부 추진과제로는 △생태공원 연결하는 낙동강 보행전용교 설치 △보행자 안전을 위한 안전속도 5030 △길 학교 개설 등 시민참여 프로그램 다양화 △부산보행길 마스터플랜 수립 및 부산형 테마거리 조성 △2019 ATC(아시아걷기총회) 성공 개최 및 2022 WTC(세계걷기총회) 유치 등 35개를 추진하기로 한다. 35개 과제 추진을 위해 들어갈 재원은 1조837억 원으로, 2019년 한해 1432억 원(공원일몰제사업 997억 원 제외 시 435억 원) 규모로 과거 시정에 비하면 가히 혁신적이라 할 만하다.

　그렇지만 35개 과제 상당수가 하드웨어적인 것으로 민관이 함께 만들어갈 소프트웨어적인 것이 부족한 면이 많이 보인다. 보행권에 대한 이해와 '탈자동차 선언' 그리고 '근거리교통수단으로서의 자전거의 재발견'이 절실하다.

　이러한 점에서 '사람 중심 보행도시 부산'을 실현하기 위해서는 보행권에 대한 가치공유가 무엇보다 선행돼야 한다. '사람 중심 보행도시'의 출발은 탈자동차 마인드와 '느림의 미학'을 도시에 실현하는 것이어야 한다. 그것은 자동차의 사회적 비용과 불경제학(不經濟學)을 체감하는 데서부터 출발해야 한다.

　일본의 경제학자 우자와 히로후미(宇沢弘文)는『자동차의 사회적 비용』(1974)이란 책에서 1974년 도쿄 도를 모델로 계산한 결과 당시 자동차 한 대당 사회적 비용이 약 1200만 엔이었고, 1990년『자동차의 사회적 비용 재론』에서는 당시 도쿄의 자동차 한 대당 사회적 비용이 7790만 엔이라고 밝혔다. 우자와는 '자동차의 존재로 인해 무엇을 잃고 있는가', 즉 '자동차사회를 선택하지 않는다면 무엇을 누릴 수 있는가'라는 근본적인 문제를 제기하고 이를 시민의 기본권이라고 했다.

　일본 환경경제연구소 대표 가미오카 나오미(上岡直見)는『자동차의 불경제학(クルマの不経済学)』(1996)에서 자동차로 인해 잃어버리는 것들로 ①연간 약 1만 명의 생명(2012년 일본 전국 교통사고 사망자수 4411명, 한국 5200명) ②아이들의 놀이터 ③건강 ④자동차로 인한 위협, 보도 무단주차, 배기가스, 즐겁게 걷거나 자전거를 탈 권리 ⑤경관의 아름다움 ⑥아름다운 마음을 가진 사람들 ⑦자동차 소음으로 인해 조용한 생활(정온권) 등을 들었다.

　가미오카 나오미는『지구는 자동차를 견뎌낼 것인가(地球はクルマに耐えられ

るか)』(2000)에서 자동차가 제조에서 폐기까지 지구에 유해한 물질만 130가지를 내놓는다고 밝혔다. 제조 시에는 이산화탄소·아산화질소·아황산가스·중금속류·벤젠·톨루엔·키시렌·내분비교란물질 등이, 주행 시에는 이산화탄소·아산화질소·아황산가스·입자상물질·중금속류·톨루엔·벤젠·다이옥신·옥시던트·알데히드류 등이 배출되고 열오염·소음·진동 그리고 교통사고 위험이 있다. 폐기 시에는 중금속류·프레온·내분비교란물질이 나온다. 이 중 이산화탄소, 아산화질소, 열오염, 프레온 등은 지구온난화에 영향을 준다.

스기타 사토시(杉田聰)는 『자동차, 문명의 이기인가 파괴자인가』(1996)에서 탈자동차를 위한 정책으로 이러한 것을 들었다. ①자동차 절대수 줄이기 ②자동차의 속도제한 ③주행장소의 제한 ④운전자 자격의 엄격화 ⑤보행과 자전거 이용 활성화 등이 그것이다. 자동차 절대수를 줄이기 위해서는 자동차의 사회적 비용의 일부를 대기오염발생세, 대중교통확충세 등의 형태로 자동차 소유자에게 부과할 필요가 있다고 강조한다. 자동차의 속도제한은 사고확률이나 소음·진동을 줄이는 데 큰 도움을 준다. 독일 프라이부르크처럼 생활권 도로 '시속 30km 이하' 도입이나 지그재그도로 및 험프 설치가 한 방법인데 프라이부르크에선 사망사고가 거의 없어지고, 일본 오사카 시 아베노 구에서 지그재그도로를 설치해 교통량을 조사해보니 설치 이전의 약 60% 수준으로 교통량이 감소했다고 한다. 이면도로와 골목길은 원칙적으로 자동차의 진입을 막는 게 중요한데 교차로 사고를 방지하기 위해선 일반보도와 같이 보도블럭을 높게 쌓은 다음 차동차가 일시 횡단하게 하는 '횡단차도' 설치방안도 있다. 또한 운전자 자격을 보다 엄격히 설정하면 사고 가능성은 격감한다. 그리고 보행과 자전거 이용의 활성화가 절실하다는 것이다.

이런 점에서 근거리교통수단으로서 자전거의 역할에 대한 재발견이 필요하다. 데이비드 V. 헐리히(David V. Herlihy)는 『세상에서 가장 우아한 두 바퀴 탈것』(2004)에서 자전거는 '인간의 힘으로 움직이는 탈것'을 향한 지난하고도 힘겨운 탐구의 결과물이라고 자전거예찬을 폈다. 오늘날 자동차 우선의 법체계가 교통수단으로서의 자전거의 발전을 완전히 저해한 사실을 잊어서는 안 된다고 강조한다.

가미오카 나오미는 『자동차에 얼마나 돈이 드는가(自動車にいくらかかってい る か)』(2002)에서 ①사용기간과 비용 면에서 자전거가 자동차보다 효율적이고, ②소요시간 면에서 도시 안에선 자전거가 자동차에 비해 경쟁력이 있으며, ③현재 자전거가 다니기 힘든 것은 자동차 위주의 잘못된 도로체계 때문이라고 밝히고 이를 실험을 통해 비교했다.

자전거와 자동차의 사용시간과 비용을 비교한 결과 10년간 매일 1시간 정도 이용할 경우 시간당 자전거는 약 123원인데 자동차는 약 7776원으로 자동차가 자전거에 비해 63배나 비용이 많이 든다. 이것은 주차비, 소모품·수리비, 세차비, 차량관리에 드는 신경과 시간, 폐차비용, 교통사고 위험, CO_2·NO_x 배출 피해손실은 제외된 것이다.

홋카이도 에베쓰(江別) 시에 자동차 평균 시속 20km, 주차장 출입시간 5분, 자전거의 경우 시속 10km(변속기 부착 자전거는 시속 15km), 주차시간 2분을 기준으로 자전거와 자동차를 비교했다. 그 결과 편도 1~3km 거리의 슈퍼나 지하철역 쇼핑 시에는 양쪽이 비슷하거나 자전거가 빨랐고, 편도 4~6km를 쇼핑할 땐 양쪽의 소요시간이 비슷했다. 편도 10km 쇼핑 시 변속 자전거와 승용차 간엔 7분 차이가 났고 편도 20km 쇼핑 시 변속 자전거와 자동차의 차이는 편도 22분으로 왕복 44분 차이가 났다. 편도 20km 이상일 경우 자전거보다 대중교통 이용이 바람직하지만 자전거도로 여건과 시간제약이 없다면 자전거는 자동차를 대신하는 근거리교통수단으로 충분히 활용가능하다고 결론을 내렸다. 레저용 자전거에서 일상생활에서 도시교통을 분담할 수 있는 근거리교통수단으로 자전거를 새롭게 봐야 한다는 것이다.

이런 점에서 세계 선진도시는 공공자전거시스템이 잘 구축돼 있다. 프랑스 파리의 공공자전거 '밸리브(Velib)'는 2007년 파리 전역으로 확대 실시됐는데 300m마다, 1451개소의 자전거스테이션이 설치돼 2만600대를 운영하고 있다. 파리시민(217만 명) 100명당 자전거 1대꼴이다. 무인스테이션의 터치패널로 이용자등록, 등록료 신용카드 지불, 1회 30분 이내라면 무한정 빌릴 수 있어 시민과 관광객이 널리 이용하고 있다고 한다. 미국 뉴욕시도 2013년 '시티 바이크(Citi Bike)'라는 유료 공공자전거시스템을 도입했다. 시티은행 후원으로 자전거 주차장 600곳, 자전거 1만대를 비치해 연중무휴라고 한다. 국내에서도 경남 창원시의 공영자전거인 '누비자'와 대전광역시의 '타슈' 등이 있다.

서울시의 '서울 교통비전 2030'은 박원순 시장이 적극 내세웠던 정책으로 2013년 5월에 2030년까지 서울의 보도면적을 배로 늘리고, 세종로 등 곳곳에 보행전용공간을 조성하며, 모든 생활권도로 속도를 시속 30km로 제한하고 보행자와 자전거 우선 정책을 펴겠다는 것이었다. 2030년까지 시내 승용차 통행량과 대중교통 평균 통근시간을 각각 30%씩 줄이고, 녹색교통수단 이용면적 비율을 30%로 확대할 계획으로 '사람·공유·환경'이라는 핵심가치를 바탕으로 2030년 승용차가 없이도 편리하게 생활할 수 있는 서울 만들기를 지향한다고 밝혔다(국민일보, 2013.5.23.). 이러한 탈자동차와 자전거의 재발견을 바탕으로 '사람 중심 보행도시 부산 만들기'를 위해선 다음과 같은 소프트 전략을 제안한다.

첫째, '사람 중심 보행도시 부산' 추진을 위한 가치와 이념을 담은 '보행자 마스터플랜' 수립부터 시작해야 한다. '보행친화적 도시일수록 시민의 1인당

GDP가 높다'(WIRED NEWS US, 2014.6.25)는 외신도 있다. 걷는 도시를 추진하기 위해서는 '보행자 마스터플랜' 수립이 기본이다. 현재 부산시가 추진 중인 관련 용역에서 철저하게 보행권을 바탕으로 한 체계적이고 종합적인 마스터플랜이 나왔으면 한다. 일본의 경우 '미노베 방정식'이라는 게 있다. 미노베 료키치(美濃部亮吉) 전 도쿄도지사가 1960~70년대의 도로공식이 '도로-차도=보도'이던 것에서 발상을 바꿔 '도로-보도=차도'라는 보도 우선 확보 원칙을 천명하고, 도쿄 도의 도로를 보행자 위주로 전환할 것을 선언했다. 부산시장을 비롯한 시청 간부들이 가능한 한 다양한 교통수단을 이용해 출근하면서 시민과 라운드테이블을 통해 대안 찾기에 적극 나섰으면 좋겠다. 이를 바탕으로 산하 기관과 협의를 거쳐 '인도에 대한 원칙'이나 '가로 공간 가이드라인' 등을 선언했으면 한다. 서울시는 2014년 총 22개 기관과의 협의 아래 '인도 10계명'을 발표한 바 있다.

　둘째, 부산시 공무원들도 출퇴근 때 대중교통이나 자전거를 적극 활용해 '친환경교통수단 출퇴근'을 실천할 필요가 있다. 시는 이에 따른 인센티브 제공을 통해 공무원의 솔선수범을 시민에게 보여야 한다. 현행 승용차요일제보다 전체 주행거리를 중시하는 승용차마일리지 제도를 연구 도입해 전년에 비해 5%, 10% 줄이기 캠페인을 벌이고, 그 결과를 바탕으로 추첨권 인센티브를 도입해 전 시민에게 홍보하는 방법도 있다. 공무원 솔선수범 방법으로 출퇴근 방법에 대한 토의를 거쳐, 각자가 출퇴근 방법을 지금의 자가용에서 대중교통 또는 자전거로 전환하는 '친환경 출퇴근 계획서'를 만들어 실천하고, 시 차원에서 인센티브를 제공하는 것은 어떨까? 실제로 일본 나고야시청의 경우 자동차 이용자에겐 통근수당을 깎고, 대중교통이나 자전거 이용자에겐 인센티브를 제공하고 있다. 통근거리 5km 이내, 5~10km, 10~15km 거리에 따라 자전거는 4000엔, 8200엔, 8200엔으로, 자동차는 1000엔, 4100엔,

6500엔으로 차등지급한다. 그 결과 통근거리 5km 미만의 자동차 통근자가 1453명에서 747명으로 절반으로 줄었고, 자전거통근자는 5km미만이 1168명에서 1378명, 5~10km가 92명에서 238명, 10~15km의 경우 13명에서 46명으로 각각 늘어났다고 한다.

셋째, 부산시청 앞~서면 중앙로까지 송상현공원을 중심으로 보행자 천국을 선포해 '길 위의 자유'를 한번쯤은 느껴보자. 서구에서는 30여 년 전부터 보행자 우선권(pedestrian privilege), 보행자 천국이란 말을 써왔다. 보행자 천국이란 도심의 간선도로에 둘러싸인 제한된 구역 내에 제한된 시간 동안 자동차를 배제해 보행자전용지역을 만들고 주변순환도로를 활용해 도심에 접근하도록 차량을 통제하는 방법으로 1960년대 독일 브레멘에서 처음 도입됐다. 특정한 날을 잡아 시범적으로 부산시청 앞~서면 중앙로까지 송상현공원, 부산시민공원을 포함해 보행자 천국 실시를 검토하면 좋겠다. 이 일대를 존으로 잡아 사전홍보를 통해 자동차는 외부환상도로로 접근하도록 하고 지구 내에서는 주변 상권과 연계해 다양한 문화프로그램을 펼칠 수 있을 것이다. 이러한 보행자 천국은 부전동 카페나 센텀시티, 남포동 등 도심 어디서든지 지역축제와도 연계할 수 있을 것이다. 그리고 송상현공원을 중심으로 부산시청과 서면역을 중앙녹지 가로수터널로 연결하는 명물거리를 조성해보면 어떨까? 일본 가마쿠라 시의 와카미야대로는 1960년대에 왕복 6차로 중 4차로를 중앙분리대 형태의 벚꽃숲(1km) 산책로로 만들고 차량은 1차로씩 일방통행을 하도록 해 도심의 명물거리가 됐다.

넷째, 아파트 단지~지하철역, 버스 정류장간이나 공공도서관, 공원 유원지에 접근 가능한 공공자전거 제도를 적극 도입할 필요가 있다. 이명박 정부때 4대강 사업으로 만든 자전거전용도로는 레저용일 뿐이다. 출퇴근·등하교·외출할 때 집에서 버스정류장, 지하철역과 연계되는 공공자전거시스템 구축을 하는 것이 중요하다. 도보는 장거리 이동에 적합하지 않기 때문에 보행권 안에서 자전거로 대중교통의 역이나 정류장으로 연결되는 것이 매우 효율적이다. 가령 수영구 남천동 S아파트 인근에는 공공자전거대여소가 있으나 오로지 레저용으로만 2시간 정도 무료 대여가 가능하다. 그런데 이 아파트단지 양 끝단에 남천역, 금련산역 사이를 연결하는 공공자전거시스템을 갖추면 어떨까? 관리는 노인일자리와도 연결될 수 있을 것이다. 이런 식으로 부산역 중앙로역이나 주차장과 인근 둘레길을 공공자전거로 연결할 필요가 있다. 또한 공공기관, 상업시설 등과 협의해 개인 자전거보관대도 확충해 나가면 좋을 것이다. 이러한 시스템은 재해발생 시 익숙한 대피경로와 방재거점·대피장소로 걷거나 자전거로 갈 수 있는 보행공간의 네트워크를 마련한다는 점에서 방재대책으로도 매우 중요하다.

다섯째, 이러한 기반 위에 시민을 대상으로 한 '나만의 출퇴근·통학로(걷기+자전거)' 공모를 통해 안전하고 쾌적한 도심 길 지도를 만들 필요가 있다. 가령 1년 이상 자전거 출퇴근·통학생 100명을 모아 이들을 대상으로 자전거안전지도 가이드북을 만드는 것이다. 이때 자전거안전과 관련해 보완대책을 찾을 수 있다. 동영상 유튜브 또는 일반적인 제안 공모를 통해 부산시내 지역별 '아름답고 안전한 출퇴근 통학길 가이드북'을 제작·보급할 수 있다. 현재 부산시의 '사람 중심 보행도시' 추진계획에는 '자전거 활용'에 대한 정책이 보이지 않는다. 별도의 보행 길, 자전거 길을 많이 만들 필요가 없다. 기존의 자전거 길과 보행 길을 '보행과 자전거의 공존의 길'로 만들면 된다. 이제는 우리 시민들이 '보행자'이면서 동시에 '자전거 이용자'가 돼 서로의 입장을 이해해야 한다. 마찬가지로 승용차 운전자이자 횡단보도 보행자라는 사실을 인식하도록 시민교통교육이 이뤄져야 한다.

여섯째, 자동차 생활권 속도제한, 지그재그도로, 험프설치를 통해 걷거나 자전거타기가 안전하고 편한 도시, 반대로 도심에 차를 가져가면 불편한 도시가 되게 해야 한다. 실제로 2013~2015년 3년간 부산에서 발생한 교통사고 3만8056건 중 사망자는 559명인데 이 중 '차 대 사람' 사망자가 279명으로 전체의 49.9%로 사망자의 절반이 보행자이다. 2014년 기준 OECD 가입국의 교통사고 보행자 사망률 평균이 19.5%인데 부산은 무려 55.9%이다. '사고다발지역'이던 영도구 내 도심도로 제한속도를 시속 60㎞에서 50㎞로 낮춘 결과 최근 6개월간 전체 사망사고가 4.4명에서 3명, 보행자사망사고 3.4명에서 2명, 심야사고는 30.2명에서 20명으로 감소했다(부산일보, 2018.6.28). 속도만 줄여도 보행자 사고가 줄어든다. 사회적 합의로 도시의 교통정책을 바꿔 나가야 한다.

일곱째, 보행친화도시로 가려면 '도심 그린웨이(Green Way)' 전략이 적극 논의되고 실현돼야 한다. 그린웨이는 큰 공원이나 녹지대를 연결하는 보행자·자전거전용도로가 띠처럼 이어진 길과 공원의 역할을 합친 공간을 말한다. '걷고 싶은 도시'가 되려면 사통팔달, 시민이 걷고 싶은 생각이 들도록 환경을 개선해야 한다. 도시재생에도 그린웨이 개념이 적용돼야 한다. 이런 측면에서 '명품워킹코스' 개발은 매우 중요하다. 보행활동의 상징적인 거점시설이자 지원시스템으로서 보행네크워크의 연결점이 되는 장소에 워킹스테이션이나 워킹센터를 정비할 필요가 있다.

여덟째, 걷기 좋은 도시 및 자전거타기 좋은 도시를 선례에서 배우자. 서울연구원과 싱가포르 CLC(Centre for Liveable Cities)가 공동으로 펴낸 「걷기 좋은 도시 및 자전거타기 좋은 도시-서울과 싱가포르로부터의 교훈(Walkable and Bikeable Cities-Lessons from Seoul and Singapore)」(2016)은 '사람 중심 보행도시' 만들기에 참고할 점을 잘 정리해 놓았다. ①보행자·자전거 우선, 사람 중심 교통정책을 기본으로 삼으라 ②워킹·사이클링을 도시 교통·에코시스템과 통합하라 ③도로 공간을 보행자에게 돌려주라 ④패러다임 전환으로 도심 공간을 사람 중심으로 만들어가라 ⑤보행자 친화적 환경 혜택 확대를 위한 프로젝트를 실시하라 ⑥조사연구 자료를 기반으로 시민을 설득하라 ⑦일반인이 이해할 수 있는 약속 플랫폼을 만들라 ⑧지역사회의 공유·참여 플랫폼을 만들라 ⑨보행자친화, 자전거친화가 되도록 인센티브를 주라. ⑩강력한 단속과 사람친화적인 정책을 펴라 ⑪잘 만들면 사람들이 모인다.

기장 철마 한우촌에
'동·식물유전' 개발 프로젝트를 실시하자

 21세기는 저탄소시대이다. 2014년 1월에 공표된 IPCC(기후변화에 관한 정부협의체)의 제5차 평가보고서는 근년의 지구온난화가 인위적인 온실가스의 배출에 의해 일어난다는 것은 가능성이 95%의 확률로 극히 높다고 밝혔다. 2019년 9월 미국 뉴욕 유엔본부에서 열린 기후행동 정상회의에서 스웨덴 출신의 16세 환경운동가 그레타 툰베리는 세계 각국 정상과 산업계 및 시민사회 지도자들 앞에서 "생태계가 무너지고 대멸종의 시작점에 서있는데 당신들은 돈과 영원한 경제성장이라는 동화 같은 이야기만 늘어놓는다. 어떻게 그럴 수 있느냐. 당장 기후대응에 나서라"며 분노의 연설로 기성세대를 질타했다.
 21세기 들어서 세계 각국은 실질적인 저탄소사회 만들기를 위해 무엇보다 에너지 이용에 따른 이산화탄소 등 온실가스의 배출 억제 방안 마련에 고심

중이다. 이에 저탄소도시 조성 차원에서도 태양광, 풍력, 바이오연료 등의 재생가능에너지 개발이나 녹지의 증가, 수변의 회복, 바람길 등 자연 재생에 대한 관심이 증가하고 있다.

이러한 저탄소도시를 지향하되 좀 더 지역의 개성을 살리는 전략이 필요하다. 창조도시 부산 또는 환경도시 부산의 브랜드 이미지를 높이기 위해 기장군이나 강서구 등 도농복합지역을 중심으로 화석연료를 대체하는 친환경 바이오디젤연료(BDF)를 적극 개발·보급하는 프로젝트를 민관 협력으로 구축해보면 어떨까.

유럽 및 일본 등 세계 환경선진도시의 경우 유채꽃 재배 프로젝트나 폐식용유 회수를 통한 바이오디젤연료(BDF) 생산 및 보급 사례가 많다. 우리나라도 2006년 이래 정부 차원에서 유채꽃 재배를 장려한다.

바이오디젤연료는 유채꽃, 콩, 팜, 해바라기 등 식물성 유지를 주원료로 해 메탄올과 반응시켜 생성되는 바이오연료의 하나인데 탄소중립적이기에 기후변화협약에서 감축대상인 이산화탄소 배출량에 계산되지 않는다. 자동차용 연료로 사용될 때 이산화황의 배출이 거의 없고, 경유에 비해 PM(입자상물질), 일산화탄소, 탄화수소(HC)의 배출량도 적어 화석연료의 대안으로 권장한다. 바이오디젤을 태우면 이산화탄소는 배출되지만 이것은 식물이 성장하는 과정에서 공기 중 이산화탄소를 흡수한 것이기에 신규의 이산화탄소의 배출은 없다는 것이다. 다만 현재 바이오디젤은 경유보다 생산단가가 높은 편이고, 이들 식물의 대량재배가 이뤄질 경우 식량과 연료가 대체되고 과도한 비료, 농약 사용문제를 초래한다는 비판도 있다.

이러한 바이오디젤연료를 잘 활용하고 있는 대표적인 선진 사례로 일본 시가 현 비와호(琵琶湖) 인근 히가시오미(東近江) 시를 들 수 있다. 히가시오미 시는 유채꽃으로 식용유를 짜고, 폐식용유를 회수해 경유 대체 연료가 되는 바이오디젤연료로 정제해 공용차에 이용하는 등 '유채꽃 프로젝트'로 지역 브랜드를 높인 좋은 사례로 평가받는다. 1998년 당시 옛 아이토(愛東) 정 아이토지구의 휴경 밭에서부터 시작된 '헬로 유채꽃 프로젝트'는 지금은 40여 개 지자체로 확산돼 '유채꽃 네트워크'를 통해 전국적인 지역 이미지 제고에 성공했다. 이러한 '헬로 유채꽃 프로젝트'는 시민단체의 지혜를 행정이 받아들인 것으로 민관거버넌스의 성공사례로도 잘 알려져 있다. 2005년 통폐합 이전의 옛 아이토 정에서는 1970년대 비와호의 부영양화를 계기로 폐식용유를 회수해 비누를 만들고, 합성세제 대신 비누를 사용하는 주민운동이 확산됐고, 1980년대 들어 시가 현은 '비와호부영양화방지조례'를 제정해 합성세제의 사용을 금지했다. 1990년대 접어들어 폐식용유 회수운동을 전개해온 '시가 현 환경생활협동조합'은 비누 사용이 줄어들자 폐식용유의 새로운 출구를 바이오디젤연료에서 찾았고 그 결과 1994년 폐식용유에서 바이오디젤을 정제하는 플랜트를 자체 개발했다. 아이토정은 다음해 이 플랜트를 도입해 바이오디젤을 아이토정의 공용차와 트랙터 그리고 유채꽃 조명용 발전기 연료로 사용해왔다.

 옛 아이토정은 1998년 국도 휴게소라고 할 미치노에키(道の駅) '아이토 마가렛 스테이션' 주변 5000㎡의 휴경 밭을 유채꽃밭으로 조성해 연간 약 30만 명이 찾는 관광명소로 바꿔놓았다. 그 뒤 당시 시가 현 지사가 이 프로젝트에 관심을 가진 뒤 시가 현 내 휴경 밭 1만2000ha로 유채 재배가 확대됐고, 2001년부터는 시가 현 내 지자체 절반이 폐식용유 회수운동에 동참했다. 그해 시가 현 신아사히(新旭) 정(현 다카시마(高島) 시)은 제1회 유채꽃 서미트를 열고 유채꽃프로젝트네트워크를 만들었는데 가입 회원단체수가 전국 40여 개 도도부 현에서 140개 이상이라고 한다.

히가시오미 시 아이토지구의 폐식용유 회수량은 현재 매월 1,500ℓ 정도인데 '아이토 리사이클 시스템'을 통해 각 가정에 5ℓ 회수용기를 배포해 월 1회 폐식용유의 회수 일에, 각 가정에서 집적소로 가져다준다. 2005년에는 '아이토 에코플라자 유채꽃관'을 준공해 유채꽃을 건조시키고 기름을 짜서 바이오디젤연료로 만드는 모습을 생생히 볼 수 있게 해놓았다.

이러한 바이오디젤연료는 일본의 환경수도를 자임하는 교토 시의 경우 바이오디젤연료 버스 운행으로 이어진다. 교토 시는 다른 도시에 앞서 바이오디젤연료화 사업을 추진해왔는데 1996년 10월부터 가정이나 식당 등에서 버려지는 튀김용 기름과 같은 폐식용유를 디젤차량용 연료로 전환시키는 바이오디젤연료화 사업을 적극 추진해왔다. 시민단체인 '지역쓰레기감량추진회'가 주체가 돼 현재 시내 약 1,000곳의 거점에서 연간 13만ℓ를 회수한다. 1997년 11월부터는 220대에 이르는 교토시의 청소차량 전부에 100% 바이오디젤연료를 사용하고, 2000년 4월부터는 교토 시 교통국이 운영하는 시영버스 100대 정도에 경유에다 바이오디젤연료를 20% 혼합하는 방식으로 연간 150만ℓ의 바이오디젤연료를 활용한다.

우리나라에서도 바이오디젤연료를 청소차에 활용하는 곳이 있다. 바로 서울 강동구청이다. 서울 강동구청은 교토 사례를 벤치마킹해 30대의 청소차에 바이오디젤연료(20%)를 공급한다. 구청 청소행정과 직원이 정부의 BD20(바이오디젤이 20% 함유된 경유) 시범 보급 사업을 담당하면서부터 바이오디젤연료에 관심을 갖고 우연히 교토의 사례를 연구하게 된 것이 계기가 됐다고 한다. 강동구는 한국에너지기술연구원으로부터 기술적 조언을 받아 자체 주유 설비를 설치해 2006년 12월 마침내 BD20을 청소차 2대의 연료로 쓰는 데 성공했고, 2008년부터는 30대 모두로 확대했다. 강동구는 또한

2010년 전국 최초로 바이오연료 주유소를 설치하고, '바이오에너지 체험농장'을 조성해 유채와 해바라기로 매연·이산화탄소·유황 등의 오염물질 배출이 적은 바이오디젤을 만드는 과정을 직접 경험해 볼 수 있게 했다.

세계적으로 보면 독일과 이탈리아는 2006년에 도심버스, 대형 트럭은 아예 100% 바이오디젤을 사용하도록 의무화했다. 우리나라에서도 2006년 7월 이후에는 일선 주유소에서 일반경유에 5%의 바이오디젤이 섞인 혼합 경유를 판매 중이며, 2015년 7월부턴 강제성을 띤 '신재생연료 의무혼합제(RFS:Renewable Fuel Standard)'를 도입해 바이오디젤 혼합비율을 2.5%로 높였으며 2018년부터는 이 비율을 3.0%로 올렸다.

현재 우리나라에서 유채 재배면적은 대략 4000ha에 이르는데 최근에는 벼 대체작목으로도 주목받는다. 유채를 자원화하고 소득원으로 육성하는 방안은 '유채자원 순환모델'로 구체화하는데 이 모델은 경관용으로 유채꽃을 재배한 뒤 수확한 씨앗으로 기름을 가공하고, 유채박은 유기질비료와 가축사료로 활용하며, 식용으로 사용한 폐기름을 수거해 바이오디젤로 재활용하는 방안이다. 이렇게 유채자원을 순환적으로 이용하면 농가소득은 꽃을 관광자원으로만 활용할 때보다 3배 정도 는다. 즉 1ha(3000평)당 170만 원의 경관보전직불금에다 2.5t의 씨앗을 기름으로 가공할 경우 240만 원, 기름 가공과정에서 나오는 유채박을 유기질비료와 사료로 활용할 경우 68만 원, 폐기름을 정제한 뒤 바이오디젤로 쓸 때 21만 원 등 모두 499만 원의 소득을 올릴 수 있다고 한다. 특히 물 빠짐이 좋은 논에다 벼+유채, 해바라기+유채, 메밀+유채, 콩+유채 등으로 이모작 작부체계를 구축하면 소득은 훨씬 늘게 된다는 것이다(농민신문, 2016.9.21).

자, 이제 다시 우리 부산을 보자. 우리 부산 기장군 철마 한우촌이나 강서구 진입국도 휴게소 주변에 일본의 '유채꽃 유전(油田) 개발 프로젝트'를 벤치마킹해보면 어떨까 싶다. 특히 기장군 철마 한우촌의 경우 '동·식물 유전 프로젝트'로 한 단계 업그레이드 하면 더 좋겠다.

그것은 첫째, 한우촌 주변 휴경논밭에 유채꽃 재배를 통해 바이오디젤연료를 확보하고 멋진 도시 경관을 조성함으로써 쾌적한 '친환경 창조도시 기장'의 이미지를 높이는 일이 가능할 것이다. 이것이 유채꽃을 통한 '식물 유전 개발 프로젝트'이다. 이와 아울러 특히 불고기 요식업체를 대상으로 폐식용유 회수운동을 적극 전개해 친환경에 앞장서는 지역 업계의 이미지를 대외에 보여주고 폐식용유를 효과적으로 처리함으로써 일석이조가 될 수 있다. 이러한 폐식용유 회수운동은 단순히 이 지역의 요식업계뿐만이 아니라 지역 주민단체와 연계해 가정용 폐식용유 회수운동도 확대해 전개하면 훨씬 효과적일 것이다.

둘째, 소·돼지의 도축과정에서 나오는 지방 등 기름을 활용한 '동물 유전 개발 프로젝트'를 실시하는 것이다. 농촌진흥청은 2010년 6월 소·돼지 지방에서 연료 효율성이 높은 바이오디젤연료 추출에 성공했다고 밝혔다. 또 이들 소·돼지기름은 콩과 유채, 해바라기 등 현재 바이오디젤의 원료인 식물보다 지방 함량이 많아 최대 70%까지 기름 추출이 가능하다. 실제로 이 바이오디젤에 경유 80%를 섞어 트랙터 연료로 사용해 좋은 반응을 얻었다는 것이다. 농촌진흥청에 따르면 우리나라는 연간 돼지기름이 약 32만t, 소기름이 약 10만t 발생되는데 연간 40여 만t의 동물성 유지에서 바이오디젤을 추출하면 매년 2500억 원가량의 수입대체효과를 얻을 수 있다. 바이오디젤의 국내 수요는 현재 연간 4억ℓ로 전량 수입에 의존하고 있는데 이러한 동물성 유지는 새로운 대안이 될 수 있다(농기자재신문, 2010.7.2). 이러한 데서 기장군이 소·돼지고기를 취급하는 요식업계를 대상으로 '동물 유전 프로젝트'를 병행하면 새로운 친환경 브랜드 만들기에 성공할 수도 있을 것이다.

셋째, 기장군이 청소차량에 바이오디젤연료를 사용하고, 철마 한우촌 불고기 요식업 번영회가 고객 유치 및 홍보 차량으로 바이오디젤연료차를 적극 활용한다면 금상첨화이다. 바이오디젤연료는 아직은 비용 면에서 비싸지만 지역 브랜드를 제고하는 홍보비용을 포함한다면 충분히 경제성이 있다. 문제는 누가 먼저 실천하는가이다. 한우촌은 철마에만 있는 것이 아니다. 인근 울주군에는 국내 최초의 봉계 한우불고기특구도 있다. 우리나라에서 아직 어떤 한우촌에서도 이 같은 '동식물 유전 개발 프로젝트'가 추진된 적은 없다.

넷째, 기장군에는 2005년부터 매년 10월에 '기장 철마 청정 농수산물 홍보'를 위해 철마 한우불고기축제가 열려 맛좋고 값싼 한우 브랜드 만들기에 나름 성공하고 있다. 이 때 개최하는 메뚜기축제도 있다. 이러한 축제가 가을에 있다면 '동식물 유전 프로젝트'를 바탕으로 한 '기장 유채꽃 축제'는 상춘객들을 기장으로 끌어들이는 매력적인 봄 축제가 될 것이다.

시민이 유채꽃을 감상하고, 또한 폐식용유를 줄이고, 친환경 바이오디젤연료 홍보차량을 타고 최상급 품질의 철마 한우를 맛본 사람이라면 '맛좋고 값싸고 환경에도 좋은' 기장 한우촌의 맛과 멋을 쉽게 잊지 못할 것이다.

부산시, 기후위기 대비한
부울경 '도농상생의 메카' 전략이 필요하다

 1972년 로마클럽의 보고서 『성장의 한계』가 '지금 당장 인구증가와 산업생산증가를 멈추기 위한 어떤 극적인 조치를 취하지 않는다면 인류는 21세기 초에 파멸을 면할 수 없다'고 전 지구적 차원에서 처음으로 경고를 했다. 20년 뒤인 1992년 브라질 리우회담이 열리면서 '지속가능한 발전'이 선언됐고 또 20년 뒤인 2012년 '리우+20 정상회의'에서 '녹색경제(Green Economy)'가 의제로 채택됐다.

 최종성명으로 나온 '우리가 원하는 미래'는 지구에 대한 위협요인으로 사막화, 어류자원의 고갈, 환경오염, 불법벌목, 생물종 멸종 위기, 지구온난화 등을 명시하고 기후변화의 주범인 이산화탄소 배출량 감축, 자원의 효율성 제고와 더불어 사회적 통합을 지향하는 새로운 경제모델인 '녹색경제로의 이행'을 강력하게 촉구하였다. 2019년 11월 기상청, 국회기후변화포럼이 공동개최한 'IPCC 6차보고서 전망, 기후위기와 사회적 대응방안'이란 주제토론에서는 21세기 말(2081~2100년)에는 전 지구 평균기온이 현재(1995~2014년)보다 1.9~5.2℃도 상승하고 강수량은 5~10% 증가할 것으로 예상됐다(연합뉴스, 2019.11.15).

전 세계는 지속가능한 발전, 녹색경제를 이야기하고 있지만 아직도 GDP(국내총생산)라는 양적 지표에서 대안을 찾지 못했다. GDP마저도 지금은 전 세계가 저성장의 늪에서 헤어나지 못하고 있다. 2020년 벽두 발생한 코로나19 팬데믹(세계적 대유행)으로 인해 전 세계가 위기에 놓였다. 코로나19는 기후변화와 바로 연결된다. 세계보건기구(WHO)는 이미 2008년 세계 보건의 날 주제로 '기후변화'를 내세우며 기후변화가 미치는 악영향으로 식량위기, 기상이변의 증가, 잦은 폭염, 물 부족 및 오염 등과 함께 매개체 질병의 증가로 인한 건강위협을 강조한 바 있다. 세계경제가 1930년대 대공황 수준 이상으로 심각하다는 지금, 감염병이나 기후위기로 인한 경제침체를 뚫고 나가는 성장동력으로 전 세계가 외치는 것이 그린뉴딜, 녹색경제인데 그 핵심은 식량자급과 에너지자립이어야 한다.

오늘날 세계와 우리나라의 식량수급 상황은 절박하다. 유엔 식량농업기구(FAO)는 4, 5월에 식량 공급망의 붕괴가 예상된다며 코로나19로 인한 식량위기의 도래를 지적했다. 인도·태국에 이어 세계 3위의 쌀 수출국인 베트남이 3월 24일부터 쌀 수출을 멈췄고, 러시아도 3월 20일부터 열흘 동안 모든 종류의 곡물 수출을 일시적으로 제한했다. 컨설팅업체인 피치 솔루션스는 식량가격 급등에 가장 크게 노출될 나라로 한국, 중국, 일본과 중동 등을 콕 집었다(중앙일보, 2020년 4월 2일). 국내 언론은 최문순 강원도 지사를 비롯한 광역지자체 단체장들이 '지역농산물 헐값에라도 팔아주기' 캠페인을 벌여 '완판'했다는 소식을 미담처럼 전했다. 하지만 지금까지 세계화에 힘입어 수입하던 먹거리가 어느 순간 끊어진다면 어떻게 될까? 그동안 부족한 국내 농촌 일손을 메꾸는 데 도움을 줬던 외국인 계절노동자들도 코로나19로 입국이 제한돼 농사철을 앞둔 농촌은 인력난으로 초비상이다.

　이러한 시대적 위기상황을 타개하는 방법은 도시와 농촌이 상생하는 길밖에 없다. 이제는 도시의 지속가능성을 위해서도 농촌에 과감한 투자를 해야 할 때이다. 식량대란 위기는 우리가 그간 식량주권을 소홀히 해온 결과이다. 2018년 말 현재 우리나라 농가인구는 231만5000명으로 총인구의 4.5%에 불과한데 이중 65세 이상 고령인구가 거의 절반(44.7%)으로 농가 경영주의 평균연령이 67.7세이다. 이러한 대한민국 농촌의 현실 속에서도 지금까지는 약 77%의 곡물을 수입에 의존해 5000만 국민이 생활한다. 한국농촌경제연구원에 따르면 2015년~2017년 3년간 평균 우리나라의 곡물자급률은 약 23%다. 농축산물 무역수지 적자규모도 2017년 181억300만 달러(약 22조4000억 원)로 세계에서 여섯 번째로 크다(머니투데이, 2020.4.2). 코로나19 이후에도 이러한 자유무역이 예전처럼 지속될 수 있을까?

　부산시의 인구는 341만925명(2020년)인데 농가 인구는 2017년 기준 총인구의 1.0%에도 못 미치는 1만9133명에 불과하나 경지율은 8% 정도이다. 그나마 김해평야가 시역에 포함돼 원예농업이나 낙농업 등 근교농업은 비교적 발달한 편이다. 울산시는 인구가 114만5710명(2020년)인데 2017년 기준 농가 수는 1만2,070가구, 경지율 9.9%이다. 시의 동남쪽 평야지역이 주요 쌀 농사지역이다. 경상남도는 인구 335만8828명(2020년)에 2013년 기준 농가인구는 2만3568명, 경지율이 14%에 이른다. 경남도의 쌀 생산량은 전국의 약 11.7%를 차지한다. 부울경 인구를 합치면 약 800만 명. 원래 부울경은 한 뿌리였다. 부울경은 향후 광역교통망 구축을 추진하고 있다. 이와 동시에 부울경에 절실한 것은 도농상생, 자급자족 시스템의 구축이다. 이러한 부울경 도농상생의 중심에 부산시가 서야 한다. 이것이 진정 부울경 동남경제권의 기반이 될 것이다. 이를 바탕으로 도농상생은 부울경을 넘어 대구 경북, 광주 전남 등 전국적으로 확대해도 좋을 것이다.

일본의 환경경제학자 미야모토 겐이치(宮本憲一)는 『현대의 도시와 농촌』 (1982)에서 도시나 농촌의 지역개발도 '내발적 발전(內發的發展)' 원칙으로 접근할 것을 주장한다. 지역의 기술·산업·문화를 토대로 한 지역 내 시장을 주 대상으로 지역주민들이 학습하고 계획하여 경영하고, 환경보전의 틀 안에서 개발을 생각하며, 다양한 산업개발을 하되 부가가치가 모든 단계에서 지역에 귀속되도록 지자체가 주민참여를 중시해야 한다는 것이다. 이런 점에서 기후위기시대를 맞아 부울경 지자체는 도시와 농촌의 진정한 지역상생에 최우선 정책 순위를 두어야 한다. 도농교류는 일방적 시혜적이 아니라 도농이 교류와 상생을 통해 더 많은 일자리를 창출하는 길이기도 하다. 이런 점에서 국내외 도농 지역상생의 선례를 바탕으로 부산시가 부울경 도농상생의 메카가 될 수 있도록 하려면 어떤 전략을 세워야 할까?

첫째, 부산시청을 비롯해 부산시·기초지자체·공공기관 등의 식당을 지산지소·급식소비의 메카로 만드는 것이 중요하다. 필자가 10여 년 전 도쿄 농림수산성 구내식당을 들렸는데 100% 일본 국내산 식재료만 취급하고 생산지를 써 붙여 놓은 것을 보고 놀란 적이 있다. 부산이 농산물 수급을 통해 특히 공공기관의 식당에 지산지소(地産地消) 식재료를 사용하도록 하는 것이 부울경 농촌을 살리고, 시민의 건강을 증진시키는 도농상생의 첫걸음이다. 나아가 부산발 전국 공공기관 식당의 100% 국산 식재료 공급을 이끌어내는 것이다. 교육청 차원에서도 부울경의 학교급식에서는 이러한 도농상생 원칙을 충실히 지키고 이를 교육프로그램으로 만드는 일이 중요하다.

도농상생은 무엇보다 도시인의 '농(農)'에 대한 이해에서부터 출발해야 한다. 신지 이소야(進土五十八) 전 도쿄농업대학장은 『농(農)과 연결되는 녹지생활』(2010)에서 현대인은 어떠한 형태로든지 농업과 교감을 갖는 삶을 살아야 한다며 '전 국민 제5종 겸업농가화'를 주장했다. 제5종 겸업농가화란 농(農)과의 관계를 ①유농(遊農) ②학농(學農) ③원농(援農) ④낙농(樂農) ⑤정농(精農)이라는 5가지 형태를 겸하는 삶이 돼야 한다는 것을 강조한 말이다. 도시인이 텃밭을 빌려 놀이 삼아 야채와 꽃을 가꾸는 '유농', 음식이나 농업에 관해 배우면서 농업체험을 하는 '학농', 모내기나 풀베기작업 등 농촌을 돕는 '원농', 자기 텃밭을 가꾸며 즐기는 '낙농', 전업 농사를 짓는 '정농'을 총체적으로 이해하고 참여하는 노력이 필요하다는 것이다. 지금의 대도시는 예전에 대부분 농촌이었고, 대부분의 도시인은 시골 출신이라는 사실을 잊어선 안 된다.

둘째, 부산을 중심으로 부울경의 식량투자펀드를 활성화하는 노력이 필요하다. 도농상생 농사 지원 사례로 일본 나고야 지역에선 세계 최초 쌀본위제 지역화폐 '오무스비(연대라는 뜻)'를 발행한 경우가 있다. 오무스비는 농민들이 2010년 봄 쌀농사가 시작될 때 지역화폐 1만 장을 발행해 가을에 지폐 장당 유기농 현미 반홉으로 되돌려주었다(김종철, 『녹색평론』, 2011). 우리나라에서는 2012년 3월 지리산닷컴이라는 사이트가 '맨땅에 펀드'라는 이름으로 계좌당 30만 원을 받고 100명의 투자자를 모집한 사례가 있다. 투자자들은 주말마다 내려와 삽질도 했고 총 5번에 걸쳐 밀, 감자, 감, 땅콩, 고구마, 배추, 무, 김치, 청국장 등을 배당으로 받았다(권산, 『맨땅에 펀드』, 2013). 이러한 것을 부산시가 중심이 돼 부울경 차원에서 MOU를 체결한다면 시너지효과를 얻을 수 있을 것이다.

셋째, 귀농귀촌을 도와주는 농촌일손돕기은행 및 빈집은행 같은 제도를 만들어 도시민들의 농촌 정착을 지원하고, 농촌의 활성화를 이뤄낼 필요가 있다. 광역지자체 단위로 '농촌일손은행'과 함께 유휴농지나 빈집 등을 관리하는 '빈집은행' 제도를 마련해 도시인들에게 귀향귀촌을 이끌어내면 좋겠다. 그리고 농가에 주말농장이나 도농직거래장을 조성하고, 도시에는 시민건강농업대학을 개설해 귀농귀촌 평생강좌를 열어 주말농장과 연계하고, 농민을 강사로 활용하는 것이 어떨까? 이와 함께 기초지자체 차원에서 자매결연을 통해 건강먹거리 상가인 '로하스(LOHAS) 건강타운'을 조성해 농촌의 특산 건강먹거리를 도시 소비자에게 공급하는 것도 고려할 만하다.

넷째, 현재 정부가 코로나19 대책으로 추진하고 있는 한국판 뉴딜 정책, 그중 그린뉴딜정책은 '농촌그린뉴딜'이 돼야 하며, 그린전력 생산을 위한 도농연대와 농촌의 에너지농업화 추진이 절실하다. 일본에서는 자연에너지도입촉진회사인 일본자연에너지주식회사(JNE)가 도쿄에 본사를 두고 태양광발전, 풍력발전, 바이오매스발전 추진사업을 '그린전력증서' 발행을 통해 농촌지역에 발전소를 확대하고 있다. 기업이나 공공기관 등 도시의 전력소비자가 그린전력증서를 구입해 종래와 같이 전력회사로부터의 전력공급을 받으면서도 농촌지역의 자연에너지 시설투자에 기여하는 구조이다. 부산시가 정부의 그린뉴딜 정책에 이런 핵심전략을 수립해 그 중심에 섰으면 좋겠다. 이제는 농업도 '에너지농사'로 확대되어야 한다. 기존 농지에 벼를 재배하면서 지상에 태양광 패널을 설치해 전기를 생산하는 '영농형 태양광발전소'의 농가 도입을 확대하는 것이다. 실제 한국남동발전이 2018년 경남 고성군 논 6천600여㎡에 100kW급 태양광발전 설비를 한 결과 논농사보다 농가당 소득이 2, 3배 가까이 늘었다고 한다.

다섯째, 도농비즈니스사업을 적극 개발하는 것이다. 농촌에 있는 것과 도시에 없는 것, 혹은 농촌에 없는 것과 도시에 있는 것을 조합해서 새로운 부울경 도농상생 비즈니스를 창출하는 것이다. 가령 수확한 농산물·특산물(농촌)과 벼룩시장(도시)을 결합하면 '전원형 벼룩시장'이나 웹을 발간할 수 있고, 방금 딴 채소·과일(농촌)과 '택배·퀵서비스·안전한 식재료에 대한 욕구'를 결합하면 '농가직송 택배'를 구상할 수 있을 것이다. 이와 함께 도시의 다양한 경력을 가진 OB들의 인력은행을 농촌과 연계해 운영하고, 농촌에 의료·교육·복지시스템을 갖춤과 동시에 청년을 마을관리사·마을예술인·마을강사 등의 형태로 적극 유치하면 좋겠다.

창조도시론의 세계적 학자인 사사키 마사유키(佐々木雅之)는 『창조농촌을 디자인하다』(미세움, 2014)에서 농업종사자의 급감과 고령화의 진행 등으로 농촌에서는 '사람·토지·마을 이 세 가지의 공동화(空洞化)'가 일어나고, 주민이 토지로 생활해가는 자부심을 잃어버리는 '자부심의 공동화(空洞化)'가 확대되고 있는 것이 문제라고 지적한다. 사사키는 농촌재생을 위해 △복지·공공사업까지 다루는 지역자치조직의 등장 △창조적 인재 유치 △주민자치와 문화생활에 근거한 창조농촌 만들기 △창조적 투어리즘에 의한 도농교류 △새로운 음식문화에 의한 재래작물의 부활 등을 통해 주민의 자신감과 자부심을 회복할 수 있는 정책이 필요하다고 강조한다. 이런 점에서 우리농촌도 제대로 된 노인종합병원이나 실버건강타운을 지자체 차원에서 건설하고, 도시 청년을 마을관리사, 마을복지사, 마을문화사, 마을강사 등 다양한 형태로 고용해 농촌재생사업을 추진할 필요가 있다. 또한 농촌지역에 다세대·다문화교류관을 건립하고, 다문화가정의 고향과 연계된 '공정무역센터'를 만들어보는 것도 좋을 것이다.

마하트마 간디는 "인도의 참다운 미래는 근대적인 도시가 아니라 자립적인 농촌마을에 달렸다"고 말했다. 간디의 말처럼 '마을이 세계를 구할 수 있도록' 농촌을 혁신적으로 설계해 농촌에 사람이 모이도록 해야 한다. 도시소비자들도 이제는 농사를 보는 눈이 달라져야 한다. 텃밭 가꾸기, 도시농업, 학교급식, 도농직거래, 생협 회원 되기 등 도농 간 네트워크에도 적극 참여하도록 만들어야 한다. 농업·농촌이 살아야 나라가 산다. 기후변화에 대응해 식량자급·에너지자립을 이루고 공동체를 살리기 위해 농자천하지대본(農者天下之大本)의 정신 위에 도농상생의 새로운 길을 개척해야 한다. 그리하여 부산은 부울경 도농상생의 메카로 나아가야 한다.

제2부

역사문화는
도시의 경쟁력

An excellently accessible and democratic space

A space where the ground meets the sky.
The mountain meets the horizon.
The city meets the ocean and
Busan meets the world

The Opera in Busan will mark a paradigm shift for urban cultural space:
From the static object to the dynamic space
From the closed container to the open stage
From passive to interactive
From an elitist monument to a democratic arena
From a place for a few to a place for many

'오페라시티-돌아와요 부산항에'를 만들자
(- 북항 오페라하우스 재추진에 붙여 -)

 북항 오페라하우스? 그다지 설레지 않는다. 부산항의 상징이 되는 건물로 세계적인 오페라하우스를 짓는다는데 왜 그다지 마음이 움직이지 않을까? 나만 그럴까? 푸치니, 베르디의 오페라 등 장엄한 판타지 종합예술의 공연장이 세계적인 도시 부산, 그것도 북항에 생긴다는데 말이다.

 부산시는 민선 7기 시정이 들어서고 한동안 북항 오페라하우스 건립을 놓고 고민을 했다. 그런데 그 결과가 도로묵이다. 부산시가 2018년 11월 25일 내놓은 보도자료 제목이 '오페라하우스, 새롭게 시작한다.'이다. '재원문제, 소통부족 등 중단 이유 극복, 모든 시민 위한 부산형 복합문화공간으로 공사를 재개한다.'는 것이 요지이다. 민선 7기 부산시장은 이날 오페라하우스의 공사재개를 선언했다. 오페라하우스 공사 중단 이유를 크게 네 가지로 정리하며 공사재개 결정 이유를 다음과 같이 설명했다.

먼저 재원문제의 경우, 부산항만공사(BPA)가 건립비 800억 원을 분담함으로써 해결의 길을 찾았다는 것이다. 건립과정에서의 소통부족문제는 지난 5개월 동안 시민, 지역문화예술인들과 치열한 논의를 진행했으며, 향후 운영안에 대해 위원회를 구성해 소통하겠다는 입장을 밝혔다. 오페라 중심의 제한적 공연, 제한된 계층의 향유가 예측된다는 우려에 대해서는 오페라 전문 공연장의 장점과 함께, 24시간 365일 모든 시민이 다양한 공연을 즐기고 다양한 공간을 활용할 수 있는 부산형 복합문화공간으로서 정체성을 강조했다.

전반적 문화정책의 목표와 방향설정 없이 대형공연장 건설만 추진한다는 문화에 대한 철학 부재문제에 대한 해답으로 북항 거점 역사문화벨트 조성사업 '북항의 기적' 프로젝트를 내놓았다. 북항을 중심으로 서남쪽으로는 원도심과 근현대역사자원을 활용한 역사문화벨트를, 동북쪽으로는 공연·전시·교육시설 자원을 연계한 창의문화벨트를 조성할 것인데 오페라하우스가 바로 앵커시설 역할을 하게 될 것이라는 설명이다.

구체적으로 살펴보면 북항 오페라하우스는 기부금 1800억 원에 시비 등 700억 원으로 조성한다. 오페라하우스의 부지는 2만9542㎡, 연면적 5만1,617㎡이다. 롯데그룹의 약정기부금 1000억 원(기확보)에다 부산항만공사 800억 원 분담(예정)에 힘입은 결정이다. 공사비 2500억 원에 모자라는 700억 원은 시비 투입과 기부·후원금 등 시민참여를 이끌어낸다는 발상이다. 11월 하순부터 공사를 재개해 2022년에 준공을 한다는 계획이다.

이에 대해 부산일보(2018.11.29)는 '북항 오페라하우스 공사 재개, "전면 재검토" vs "적극 환영" 부산 문화계 또 찬반 논란'이란 제목의 기사를 내놓았다. 국제신문은 이선정 부장의 '오페라하우스 찝찝한 건립 재개'라는 제목의

데스크시각 칼럼(2018.12.5.)을 통해 부산시가 800억 원이나 되는 나랏돈을 단시간 내 확보한 것은 큰 성과지만 시의 발표가 한낱 '건물 짓기'에 그쳤다는 게 문제라고 지적했다. 특히 이 부장은 오페라 전문공연장을 짓겠다고 해놓고, 복합문화공간으로 만들겠다는 발언은 앞뒤가 맞지 않는다고 강조했다.

어쨌든, 부산시가 오페라하우스 공사재개를 선언한 이 시점에서 우리는 어떤 준비를 해야 할까?

첫째, 부산오페라하우스의 특징이 무엇인가가 나타나야 한다. 부산다운 오페라하우스에 대해 고민해야 한다. 이왕 오페라하우스를 짓겠다고 하면 부산시는 '왜 부산에 오페라하우스인가'라는 부산시민의 물음에 답해야 한다. 지금부터 '음악의 도시 부산'이라는 큰 그림을 그리고, 학교 교육에서부터 새로운 발상이 일어나야 한다. 오페라하우스는 국제적인 클래식을 통해 부산을 세계도시로 만드는 그랜드플랜이 전제돼야 한다. 껍데기 건물이 아니라 오페라하우스를 운영할 수 있는 인프라를 구축해야 한다.

현재 북항 오페라하우스는 대극장 1800석과 소극장 300석 규모로 2008년 부산시와 롯데그룹이 건립기부약정을 체결한 지 10년 만인 2018년 5월 착공되었다가 민선 7기 오거돈 시장 체제가 출범한 2018년 7월 공사가 중단됐다. 북항 오페라하우스의 설계는 이미 돼 있다. 그런데 이런 설계 공모를 하기 전에 부산시나 시민의 의견을 모으고 부산의 미래에 대한 상상력을 발휘하는 노력이 절실했는데 지금은 앞뒤가 바뀌어 있는 게 참 안타깝다.

2013년 부산경실련의 부산시의원 공개질의서에서 나타났듯이 부산의 풍토에서 클래식보다는 대중음악이 훨씬 시민에게 와닿는다는 점이다. 필자는 지금 추진 중인 오페라전용극장보다는 한류문화를 포함한 월드클래스의 종합아트센터로서 오페라·클래식·대중음악·미술·뮤지컬·연극·무용 등 「다이내믹 부산」을 나타낼 수 있는 「부산오페라시티-돌아와요 부산항에」(가칭)를 만들면 더 좋다고 생각한다.

부산시가 '부산형 복합문화공간'으로 오페라하우스를 생각한다면 복합뮤지컬공간인 일본 도쿄의 도쿄오페라시티를 벤치마킹할 필요가 있지 않을까 싶다. 1997년 콘서트홀, 리사이틀홀을 개관한 도쿄오페라시티는 6개의 극장 홀과 2개의 미술관시설을 가지고 있다. 클래식음악 전용 홀 「도쿄오페라시티 콘서트홀」, 20세기 이래 근현대미술관을 중심으로 한 도시형 미술관 「도쿄오페라시티 아트갤러리」 외에 레스토랑이나 숍, 약 1만 명이 일하는 오피스빌딩 등을 갖춘 새로운 형태의 복합문화시설이다.

도쿄오페라시티는 신국립극장 및 주변 환경의 정비와 유효 활용을 목적으로 비즈니스존, 예술문화존, 어메니티·상업존의 3개의 영역을 연관시켜 도시공간 창출을 지향한다. 비즈니스존은 지상 54층 지하 4층, 234m의 초고층 오피스빌딩에 예술문화활동 관련 기업이 입주해 약 1만 명이 상주한다고 한다. 예술문화존은 오페라, 발레, 현대무용, 뮤지컬, 현대연극 등이 공연되는 신국립극장과 도쿄오페라시티 내(2층 발코니를 가진) 수용인원 1632명의 콘서트홀 및 풀오케스트라의 연습에도 대응할 수 있는 2층 풀타르홀, 그리고 전자미디어시대의 새로운 복합예술의 가능성을 모색하고 실천해 나가는 NTT 인터커뮤니케이션센터, 아트뮤지엄, 주악당 등이 어우러져 뛰어난 문화예술 거점을 형성한다. 어메니티·상업존은 도쿄오페라시티와 신국립극장을 잇는 총길이 200m의 유리공간 갈레리아와 아트리움, 옥외광장 선큰가든 등의 퍼블릭 스페스와 유기적으로 연계된 음식 서비스 공간에 형성됐다.

둘째는 오페라하우스의 건립 비용 및 운영비에 관한 이야기이다. 오페라하우스의 규모를 지금보다 줄이고, 운영비가 적게 들도록 해야 한다. 부산

오페라하우스는 건립비도 문제이지만 연간 250억 원가량인 운영비가 엄청난 부담이 될 게 뻔하다. 김창욱 박사(음악학)는 자신의 블로그 「부산 오페라하우스 건립, 무엇이 문제?」(2013.4)라는 글에서 부산 오페라하우스는 운영비 확보가 가장 심각한 문제라고 밝혔다. 부산시의 재정자립도가 2000년 78.3%에서 2012년 57.4%로 내려간 상황에서 거액의 오페라하우스 운영비는 큰 부담이 될 것이란 게 골자이다. 운영비가 해결되지 않으면 오페라하우스는 '돈 먹는 하마'로 골칫덩어리로 전락할지도 모른다.

이 문제를 해결하기 위해 필자는 다음과 같은 방안을 제안한다. 하나는, 롯데그룹이 건설비와 운영비를 추가 투자하고 그 대신 이름을 '부산 롯데오페라하우스'로 하는 방법이다. 지방정부와 기업이 공동운영하는 모델을 만들면 어떨까 싶다. 다른 하나는, 롯데그룹이 출연을 약속한 1000억 원을 바탕으로 규모를 줄여 '롯데오페라하우스'를 건립해 자체 운영하는 방안이다. 민간의 자율에 맡기는 게 부산문화 발전을 위해 더 낫다고 본다.

따라서 지금과 같은 상태라면 규모를 적정규모로 잡는 것이 중요하다. 2003년 8월 개관한 대구오페라하우스는 인근 침산동의 코오롱하늘채 아파트 건설의 대가로 제일모직이 기증한 것이다. 규모가 작지만 단일공연장으로는 국내 최초의 오페라전문극장이면서 기업메세나 활동의 모범적 사례로 기록된다. 부산오페라하우스는 대구오페라하우스와 예산규모로만 보면 5배 이상 큰 규모이다. 그런데 시민 입장에서 보면 설계도가 너무 엉성하다. 부산시민과 비전을 나누는 소통이 절실하다. 부산시가 밝혔듯이 '운영위'를 잘 활용해야 하는데 이 운영위에는 오페라 전문가는 물론 오히려 오페라하우스에 반대하는 지역 예술인의 목소리를 잘 담아내는 것도 중요하다. 부산시가 약속한 대로 운영위에 창조적 발상을 가진 많은 분들의 아이디어를 받아들여 적어도 6개월 정도는 콘텐츠에 대한 고민을 더 한 뒤 실질적인 공사가 이뤄졌으면 한다.

끝으로 오페라하우스의 운영시스템을 세계 수준으로 높여야 한다. 오페라하우스를 건립한다면 부산은 세계적인 음악의 도시로 거듭날 기회를 갖게 된다. 그런 준비를 해야 한다. 종래의 시립교향악단의 운영 수준과 다른, 월드클래스의 운영시스템을 도입해 오로지 음악 실력으로만 살아남는 '재오디션의 세계'를 펼쳐야 한다. 마치 프로야구나 축구에서 1부, 2부 리그가 있듯이 오페라단이 세계적인 기량을 갖추는 데 필요한 운영시스템 마련이 시급하다. 선발과정에서의 투명성 확보는 첫째 과제다. 그리고 오페라하우스는 단순한 오페라 공연장을 넘어 지역의 종합예술 센터 역할을 했으면 한다. 일본의 비와호박물관은 고대호수인 비와 호를 끼고 있는 박물관인데 호수학 관련 박사만 60명이 연구사로 재직하는 박물관대학이다.

부산의 대학들은 오페라하우스 건립을 계기로 독립된 음악대학, 미술대학을 키우는 방안을 검토해볼 필요가 있다. 아니면 부산시가 한국예술종합학교의 융복합캠퍼스를 유치하거나, 부산시립 예술대학을 설립해 장기적으로 오페라하우스의 실무인력을 양성할 필요가 있다. 하여튼 지역의 예술 관련 기존 학과를 좀 더 정치하게 재편성해야 한다.

'음악의 도시 부산'이 되기 위해서는 적어도 초중등학교에 '1인1기'의 악기를 다룰 수 있는 교육과정을 수립하고 실행하면 좋겠다. 부산에서 공교육을 받은 사람은 누구나 악기 하나씩은 다룰 줄 아는, '클래식 애호가'가 수두룩한 부산이라면 얼마나 멋진가. 앞으로 오페라에 대한 맛을 우리 부산시민이 볼 수 있도록, 아니 종합예술의 멋을 오감으로 느낄 수 있도록 '오페라하우스 사전 프로그램'을 제대로 짜야 할 때이다. 북항 오페라하우스, 아니 부산 오페라시티가 종합예술을 시민이 향유할 수 있는 문화적 풍토를 만드는 데 기여하도록 해야 한다.

해양수도 부산, 부산항 개항의 역사 바로보기에서 시작하자

부산항 개항은 올해로 144주년인가, 아니면 613주년인가!

부산은 항만도시이다. 2020년 부산항의 역사는 어떻게 될까? 1876년 강화도조약 결과 근대 강제개항의 역사로 보면 부산항은 올해 개항 144년을 맞는다. 그런데 1407년 조선 태종 때 부산포, 내이포에 왜관이 설치된 때로 치면 2020년은 부산항 개항 613년이 된다.

그렇다면 부산항의 브랜드 제고를 위한 행사로 '1876년+150년=2026년 부산항 개항 150주년' 아니면 '1407년+615 년=2022년 부산항 개항 615주년'을 놓고 고민을 해봄직하다. 부산항의 브랜드 만들기의 시작은 부산항 개항의 역사에 대한 정확한 고증과 인식에서부터 출발하는 것이 옳을 것이다.

개항이란 항을 여는 것으로 통상 외국에 대한 무역이 가능하도록 하는 것

제2부 역사문화는 도시의 경쟁력　97

을 말한다. 이는 관세법에 의한 개념이지만 근대에 와서는 우리나라 일본의 경우 조약항은 역사상, 불평등조약에 의한 개항을 의미한다.

오늘날 부산항은 세계적인 항만으로 컨테이너화물처리량 세계 6위이며, 환적화물 처리량은 세계 2위이다. 부산항만공사에 따르면 2019년 한해 부산항 컨테이너 물동량은 20피트짜리 컨테이너 기준 전년대비 1.5% 증가한 2199만 개로 사상 최대를 기록했다. 중국 광저우 항에 이어 세계 6위며, 환적화물 처리량은 싱가포르 항에 이어 세계 2위를 기록했다.

민선 7기 부산시정도 '시민이 행복한 동북아 해양수도'를 캐치프레이즈로 내걸었다. 문제는 시민이 '해양수도 부산'에 대한 자부심을 얼마나 공유하고 있는가이다. 이를 위해 부산은 부산항의 역사에 대한 인식을 새롭게 해야 한다. 부산항의 브랜드 제고를 위해 다음과 같은 작업이 먼저 필요하다고 본다.

첫째, 부산항의 개항의 역사를, 그 시초를 제대로 잡고, 이를 바탕으로 부산항의 브랜드를 세계에 알리는 일이다. 부산항의 개항은 일반적으로 1876년 강화도조약 이후로 잡으면 2020년은 개항 144년이 된다. 그러나 조선 초기로 거슬러 올라가면 부산항 개항의 역사는 600년이 넘는다. 어떤 것을 채택할 것인가? 이에 대한 연구와 결단이 필요하다. 1876년의 개항은 외세에 의한 강제개항이지만 조선 초기 개항은 우리나라의 자주적인 개항의 역사를 갖고 있다.

조선왕조실록을 보면 조선이 개국하고 얼마 되지 않은 1407년(태종 7년) 부산포와 내이포(제포, 지금 창원시 진해구 웅천동 일대)에 왜관을 설치하고 일본과 교역을 허락하고 교린(交隣) 차원에서 면세의 혜택을 줬다는 기록이 나온다. 그 뒤 우여곡절을 겪다가 임진왜란 이후 1607년(선조 40년) 두모포(부산 동구 초량동 고관입구)에 새로 왜관이 설치되었다가 1678년(숙종 4년) 초량으로 옮겨간다.

이런 역사를 바탕으로 부산포에 왜관을 설치하고 일본과 교역을 허락한 1407년이 부산항의 역사적 개항으로 보아야 한다는 주장이 나온다. 이는 부산뿐만 아니라 진해항도 내이포를 개항한 1407년을 개항의 해로 잡고 몇 년 전 진해항 개항 610주년 행사를 추진한 적이 있지만 실행되지 못한 것을 안타까워하는 글이 인터넷에도 돌고 있다. 이렇게 보면 부산항 개항은 2022년이 615주년, 2027년이 620주년이 된다.

개항의 역사를 자랑하는 도시 중 하나가 독일 함부르크이다. 함부르크는 'Hafengeburtstag(하펜게부르츠타크)'라고 해서 매년 개항기념일 행사를 하는데 2019년에 830회 개항기념축제를 했고 백만 명 이상의 해외 관광객을 불러들였다고 한다. 함부르크의 개항기념일은 황제 프레드릭 바바로사(Frederick Barbarossa)로 거슬러 올라간다. 함부르크에서 북해까지 엘베를 항해하는 배들에 대한 관세로부터 자유를 허락한 1189년 5월 7일에 함부르크 상인들에게 헌장을 발부했다. 그날이나 그 주말에 기념일을 거행하는데 오늘날 대중축제도 1977년 이래로 열린다고 한다. 결국 실질적인 '2019년 함부르크 개항 830년'도 불과 40여 년 전에 의미를 부여한 것으로 분석된다.

일본의 경우 최초의 근대적 개항은 1859년의 요코하마 항이다. 요코하마 항은 2009년 6월 2일 개항 150주년을 맞는 것을 기념해 각종 기념사업을 행했다. 1868년 개항한 고베 항은 2018년 개항 150주년 항도고베예술제를 열었는데 재미있는 것은 고베시가 개항 100주년을 1968년보다 1년 앞선 1967년에 가진 것이다. 고베 항은 1898년에 개항 30년 기념식, 1958년 개항 90년 기념식을 치렀는데 1968년이 아닌 1967년에 개항 100년제를 치렀다. 그리고는 2018년에 개항 150년제를 가졌다. 어떻게 된 영문일까? 이유는 1967년에 국제항만협회 총회가 일본 최초로 도쿄에서 개최됐는데 당시 총회 의장으로 활약하던 고베시장이 그해 고베 항과 시애틀, 로테르담 양항과 자매항 협정을 체결하는 등 국제항만외교를 활발히 하면서 '떡본 김에 제사 지내듯' 고베 항 개항 100년 행사를 아예 앞당겨 성대하게 치러버린 것이다.

우리나라는 개항 100주년에 대해서도 외세에 의한 개항이어서 인지 그리 분위기가 고조되지 않았다. 부산시는 1976년 부산항 개항 100주년을 맞아 『부산항 개항 100년사』를 펴냈고, 부산 중구 중앙동과 영도구 봉래동을 연결하는 다리인 '부산대교'를 개항 100주년 해이던 1976년 10월 8일에 착공하여 1980년 1월 30일에 준공했다. 인천의 경우 인천항 개항 100주년을 기념해 1983년에 선박 모양의 '인천항 개항 100주년 기념탑'을 조성했는데 교통 흐름에 방해된다는 이유로 2003년에 철거됐다. 실질적 이유는 시민과 시민단체들이 "인천의 개항 역사를 왜곡하고 일제의 굴욕적인 문호 개방과 침략을 정당화한 상징물"이라고 철거를 요구해 왔기 때문이었다.

이런 점에서 부산시는 부산항 개항 150주년 축하행사를 오는 2026년에 하든지 아니면 부산항 615주년 또는 620주년 기념행사를 2022년 또는 2027년에 하는 문제를 깊이 고민하고 연구해 그 중 하나를 택할 필요가 있다. 독일 함부르크의 사례를 본다면, 또한 근대 외세에 의한 개항보다 훨씬 앞선 조선 초기 개항을 부산항의 역사로 잡는 것이 세계적이며, 보다 발전적이라는 생각이 든다. 이를 놓고 각계 전문가들의 중지를 모으는 작업이 매우 필요해 보인다. '물류올림픽'이라고 하는 '국제물류협회(FIATA) 세계총회'가 2022년 150개 국에서 3000여 명의 물류전문가들이 참석한 가운데 부산 벡스코(BEXCO)에서 개최될 예정이다(주: 2020년 FIATA 세계총회가 코로나19로 인해 2022년으로 2년 연기됐다). 이를 계기로 대외적으로 '부산항 개항 615년'을 알릴 필요도 있지 않을까 싶다.

둘째, 기왕 개항을 기념한다면 항만축제를 제대로 기획하는 것이 중요하다. 일본의 경우 개항 150주년 행사가 많았다. 우리 부산도 개항 100년 행사를 하기는 했지만 당시에는 항만브랜드를 제대로 살리지 못했다. 앞으로 개항 기념일 행사는 사전에 철저하게 기획하고 준비해 부산항의 브랜드를 세계에 적극 알려나야가 한다고 본다.

과거에 부산항 개항에 대한 기념은 문헌사적으로 일제시대인 1925년 부산항 개항 50주년 행사가 나온다. 개항 초기부터 부산에 건너와 정주했던 일본인들이 개항 50주년을 맞아 여러 가지 부산항 홍보 행사들을 진행했는데 당시 부산일보사가 펴낸 『부산항의 사명(釜山港の使命)』이란 책에 소개됐다. 이 책은 당시 일본인 편집국장이 제작한 것으로 철저하게 식민지 조선에서 부산항의 위상을 정리한 것이다.

부산시는 지난 2016년 부산항 개항 140주년 기념행사를 제대로 하지 않았다. 사전에 이런 기획을 하지 못했던 것이다. 당시에 필자는 부산시 고위공무원을 만나 왜 부산항 개항 140주년을 제대로 기획해서 하지 못했는지 안타깝다는 마음을 피력하기도 했다. 인터넷 뉴스를 보면 2017년 부산항 개항 141주년 기념식을 했다는 간단한 기사 정도만 뜬다.

부산항의 자매 항은 일본 오사카 항으로 1985년 자매 항 제휴를 맺었다. 미국 시애틀 항과는 1981년, 네덜란드 로테르담 항과는 1985년, 미국 뉴욕항과 영국 사우샘프턴 항과는 1988년, 중국 상해 항과는 1994년에 자매 항 제휴를 맺었다. 일본의 개항은 1859년 요코하마, 나가사키, 하코다테 3항의 개항이 시작이다. 일본 요코하마 시는 2009년 6월 2일 개항 150주년을 기념해 각종 기념사업을 펼쳤다. 이를 위해 가나가와 현을 주무관청으로 하는 재단법인 요코하마개항150주년협회를 2007년 2월에 설립했고, 그보다 4년 전인 2003년에 요코하마개항150주년추진협의회를 결성, 요코하마 개항 150주년 기념행사를 기획했다. 그중 대표적인 행사가 개국박람회Y150이다. 이 행사는 2009년 4월 28일부터 9월 27일까지 153일간 개최했는데 최종 입장객 수가 716만6300명을 기록했으나 당초 예상한 유료입장객 500만 명에는 4분의 1에도 못 미쳐 적자를 기록해 곤욕을 치렀다.

오사카 항은 1868년 7월 개항의 역사를 갖고 있는데 2018년에 개항 150주년을 맞았다. 오사카항개항150주년기념사업추진위원회는 기념사업의 기본 콘셉트로 '①오사카항 개항 150년을 시민과 함께 축하한다. ②선조들의 공적을 칭송하고 감사한다. ③오사카 항에 대한 애착을 깊게 하는 기회로 삼는다. ④항간의 국제교류 등을 통해 오사카 항 항세 신장의 계기로 삼는다. ⑤항만에 대한 집객력을 높이고 임해지역의 활성화에 기여한다. ⑥오사카 항의 장래를 바로 보고 매력·역할을 재인식하는 기회로 삼는다.'로 잡았다. 2018년 2월 크루즈카니벌 및 일본 대형범선 '해왕호' 일반공개, 4월 멜버른 오사카컵 2018 더블핸드요트레이스 개최, 10월에『오사카 항 개항 150년 기념사업 기록지』를 펴냈다.

2019년 1월 일본 니가타 시는 개항 150주년을 맞았다. 니가타 개항 150주년 니가타사진전(니가타역사박물관)을 열고 바다페스티벌로 니가타 항에 온갖 배를 모이게 한다. 7월에 바다페스타오프닝퍼레이드, 바다록페스티벌, 해수욕장에서의 비치스포츠 등 해양레저 체험 이벤트 등 다양하다. 12월에 옛 니가타세관 청사를 리뉴얼해 국가지정 중요 문화재로 재공개했다. 니가타개항150주년기념사업실행위원회가 「니포트 프레스(Nii port PRESS)」를 발간해 각종 이벤트 등 자료 정보를 발신했다.

셋째, 부산항 개항기념에서 중요한 것은 콘셉트이다. 이제는 물류(物流)도시를 넘어서 '심류(心流)도시'를 만들자. 심류(心流)라는 용어는 현재 일반화되지 않은 말이지만 '마음의 흐름' 즉 따뜻한 마음의 발상지, 나아가 한류를 세계로 보내는 문화개항의 콘셉트, 무엇보다 해양의식을 갖고 바다를 진취적으로 생각하는 사고가 절실하다.

항만도시(port city)란 사람과 물건의 흐름 즉 여객과 물류를 맡는 교통이 육상과 수상 간에 전환하는 지점에 형성된 도시를 말한다. 고대부터 중세의 '천연의 양항'에서부터 근세 이후 무역항이나 공업항 또는 군항의 기능을 가진 도시가 많다. 현대는 항만이 좁은 의미의 항 기능이 아니라 워터프론트 또는 배후지 개발을 중심으로 시민생활이나 경제에서의 역할을 확대해 기능이 다양화하고 있다. 근년에 영국 런던이나 미국 샌프란시스코와 같이 항만기능의 태반을 상실하면서도 문화·예술·관광·정보발신 등 항만도시 기능을 새롭게 하는 도시도 늘었다.

코로나19로 2년 연기된 '물류올림픽' 2022 국제물류협회(FIATA) 세계총회에는 150개국 3000여 명의 물류전문가들이 참석할 예정이다. FIATA는 1926년에 설립돼 108개국 4만여 명이 가입된 국제연맹으로, 스위스 취리히에 사무국을 두고 있는데 매년 총회를 열어 국제물류업 분쟁조정, 국제물류인증 및 발전정책을 논의한다.

한국국제물류협회(KIFFA)는 FIATA 세계총회의 홍보를 위해 2018년 9월 26일부터 4일간 인도 뉴델리에서 열린 FIATA 2018에 참석해 부산총회 홍보관을 운영하기도 했다. KIFFA는 세계총회를 통해 유라시아 철도망의 출발점인 부산역, 세계 6위 항만인 부산항과 김해신공항 등 육·해·공의 우수한 물류접근성을 집중 계획이다(코리아시핑가제트, 2018.10.1). 기왕에 행사가 미뤄진 바에야 좀 더 준비를 잘해 FIATA 2022 때 '부산항 개항 615년'을 세계에 제대로 알리는 일이 중요하지 않을까 싶다.

이제 우리 부산은 단순한 물류항만만이 아니라 세계인을 끌어들이는 매력적인 항구도시로, 한류(韓流)를 세계에 알리는 밀레니엄문화 항(港)으로 거듭나야 한다. 그래서 북항 개발도 건물에 치중할 것이 아니라 이제는 콘텐츠, 소프트웨어에 중점을 두어야 한다. 오페라하우스 건물이 아니라 이러한 심류(心流), 한류를 고려한 시설과 시스템을 만들어야 한다. 그리하여 적어도 2022년 부산항 개항 615년은 21세기에 걸맞은 우리의 문화와 사상으로 세계를 향해 '21세기 문화 개항'을 대대적으로 선언해야 한다. 그 출발점이 바로 부산항의 역사를 제대로 살펴보고, 해석하며, 이를 바탕으로 부산의 미래 비전을 찾아내고 세계와 공감하려는 노력이다.

국제영화도시 부산, 추억의 삼일·보림·삼성극장을 되살리자

우리나라의 대표적인 국제영화제가 매년 10월 항도 부산에서 열린다. 2020년은 25회째가 된다. 부산은 이제 아시아에서도 '영화의 도시'로 제법 알려졌다. 이러한 부산 영화의 상징이 '영화의 전당'이다.

2011년 9월에 약 1700억 원을 들여 준공한 영화의 전당은 국제공모를 통해 선정된 오스트리아 쿱 힘멜브라우(Coop Himmelblau)의 설계안으로 '뛰어난 조형성과 해체주의 건축미학이 구현된 건축물'로 평가받았다. 영화의 전당은 면적 32,137㎡, 연면적 54,335㎡에 지하1층, 지상 4층의 비프힐, 더블콘, 지상 9층의 시네마운틴 건물 3개로 이루어졌다. 야외극장을 덮는 지붕은 스몰루프이고, 빅루프와 스몰루프 두 지붕을 합하면 축구장 약 2.5배에 달하는 크기라고 한다. 나름 자부심이 생기는 상징건물이다.

그런데 영화의 전당을 보면서 뭔가 아쉽고 허전한 마음이 든다. 내겐 마치

거석문화와도 같은 느낌이다. 영화의 전당이란 거대 건물 이전에 오늘날 부산국제영화제가 탄생한 배경, 추억의 극장이 부산에 없기 때문이다. 마치 어떤 고급 주택의 거실 책장에 값비싼 브리태니커 백과사전과 명작 소설 세트나 신간들은 즐비하지만 그 집주인이 젊은 날 읽었음 직한 손때 묻은 책 한 권 없는 서재를 마주하는 느낌이라고 할까. 이런 서재에서 그 집주인의 '지성미'가 느껴지지 않는다. 최신·최고의 상영관을 자랑하지만 우리 부산시민의 '영화 애호'의 추억이 담긴 옛 영화관 하나 남겨놓지 않은 부산이 과연 '영화의 도시 부산'이라 말할 수 있을까?

이런 관점에서 부산의 극장 트리오 삼일·보림·삼성극장을 늦었지만 지금부터 되살리는 작업을 부산시 차원에서 적극 추진해야 한다.
「네이버 지식백과」 한국향토문화전자대전엔 '추억 속 범일동 극장 트리오, 삼일·보림·삼성극장' 이야기가 나온다. 삼일(三一)극장(1944~2006년), 보림(寶林)극장(1955~2007년), 삼성(三星)극장(1959~2011년)은 부산 동구 범일동에 위치한 이른바 극장 트리오로 한때 부산에서 잘나가던 극장들이었다. 이들 극장이 60년 가까운 세월을 영화의 바다, 부산을 지켜 왔다. 부산에서 학창 시절을 보낸 중년의 남녀라면 누구나 '범일동 극장 트리오'와 관련한 추억 하나쯤은 가지고 있을 것이다. 삼일극장은 일제 강점기인 1944년 일본인에 의해 처음 문을 열었다. 삼일극장은 영화 「친구」 촬영지로도 유명하다. 이곳은 또한 6·25전쟁 당시 피란민들의 수용소로 쓰여 현대사의 아픈 기억을 품은 공간이기도 하다. 1959년에 개관한 삼성극장은 삼일극장 인근에 있었다. 단층이었던 삼일극장에 비해 삼성극장은 2층 건물에 제법 넓은 관람석을 갖춘 극장이었다. 1955년에 문을 연 보림극장은 원래 남포동에 위치한 보림백화점 내 2층에 자리했었는데 1968년 당시 범일동 조양직물 공장 부지를 매입해 새로이 개관했다. 개봉관으로 출발했지만 1970년대 인기가수 나훈아, 남진, 하춘화 등 톱스타 쇼 중심 극장으로 변신하면서 한때 새로운 전성기를 맞기도 했다.

범일동 극장 트리오의 전성기는 1960~1970년대 국제고무 공장(1953~1990년), 삼화고무 공장(1934~1992년) 등 신발공장이 부산진구와 동구에 자리 잡으면서 이들 공장 노동자의 문화공간으로 자리매김했다. 그런데 국제영화도시라는 부산에 이런 추억의 극장이 단 한 곳도 남아있지 않다니.

더욱 안타까운 사실은 삼일극장, 보림극장, 삼성극장이 모두 1996년 부산국제영화제가 창설된 지 10~15년 후에 사라졌다는 사실이다. 삼성극장이 철거된 것이 지난 2011년으로 불과 9년 전이다.

「삼성극장 오늘 철거, 부산 유일 단관극장 삼일·보림극장 이어 도시개발로 추억 속으로」(2011.5.23)라는 제목의 국제신문 기사를 안타까운 마음으로 읽은 적이 있다. 삼성극장이 52년의 역사를 뒤로 하고 그날로 철거된다는 것이었다. 10년 전 범일1동 삼일극장~범6호광장 사이 도로 확장공사 구간에 편입되면서 보상 문제가 마무리됐기 때문인데, 그보다 몇 달 전에 영업을 중단했고 구청에 폐업신고도 했다고 한다. 1990년대 들어 멀티플렉스 영화관의 위세에 밀려 이제 범일동 영화거리 극장은 모두 사라졌다. 한국 영화의 부활탄이자 영화도시 부산의 상징이기도 한 영화 「친구」 촬영무대로 주인공들이 다른 학교 학생들과 혈전을 벌이던 삼일극장은 2006년 철거됐고, 보림극장은 2007년 폐업신고 뒤 대형마트가 들어섰다. TV드라마 「친구, 우리들의 전설」 촬영무대로 부산지역에 남아 있던 유일한 단관극장이던 삼성극장마저 사라지게 된 것이다. 신문은 2009년 삼성극장에서 이 극장을 추억하는 전시·공연 「극장전」을 기획했던 이은호 서울 가나아트센터 공공미술큐레이터의 소감을 붙였다.

"중학교 때 단체로 영화를 관람했던 추억의 공간이 사라진다니 마음이 짠하다. 도시 개발로 인해 근대 역사의 현장이 사라지는 게 안타깝다."(https://donggumap.tistory.com/3)

물론 그간의 극장 주인이나 인근 주민의 고통도 이해가 된다. 2001년 착공한 공사가 10년째 끝나지 않아 주변 상권이 죽어 가고, 철거되지 않은 건물이 흉물스럽게 남아 우범지대로 변하는 등 주민들의 고통이 이만저만 아니었다는 것이다. 그러나 오직 25m의 도로를 40m로 확장하기 위해 부산시민의 '추억의 극장'을 이렇게 지워버려도 될 것인가? 그것도 부산국제영화제를 개최하는 '영화의 도시 부산'이 말이다. 이에 대해 한 트위터(@flower3045)는 그날의 심정을 이렇게 날렸다.

'삼성극장 철거는 지금 우리나라 현실을 대변하고 있다. 개발 만능주의에 빠진 대한민국!! 자랑스럽다!!'.

참 가슴이 아련해진다. 부산국제영화제의 오늘이 있기까지 그 바탕에 이런 추억의 극장들이 있었다는 사실을 잊어서는 안 된다. 관광비즈니스 사업을 선도하는 명실상부한 영화·영상산업의 메카로 영화의 전당이 자리매김하길 바라면서도 마음 한구석에는 어릴 적 고이 간직해온 '빛바랜 가족사진'을 잃어버린 듯한 상실감을 쉽게 달래기 어려울 것 같다.

필자는 영화에 대한 감정이 남다르다. 1970년대 초반에 경북 영일군(지금의 포항시 남구)에서 아버지가 장기극장이란 시골극장을 운영했기 때문이다. 나는 초중학교 시절 극장집 아들로 '시네마천국'의 생생한 기억을 갖고 있다.

TV가 막 보급되기 시작한 때였지만 그래도 명절대목엔 시골극장을 많은 사람들이 찾았다. 평소에는 마을 콩쿨대회도 하고 중학교 웅변대회장으로 지역문화센터의 역할을 하기도 했다. 큰 것, 새 것도 좋지만 추억이 담긴 오래된 도시 공간 또한 남아 있어야 한다. 그것이 역사이고 전통이다. 돈만 있다면 뭐든지 크게 만들 수 있는 세상이지만 그 추억을 공감하고 새롭게 해석해내지 못한다면 미래 또한 없다. 창조도시에서 가장 필요한 것이 바로 스토리텔링이기 때문이다.

되돌아보면 그간의 부산시 행정의 무계획성과 무비전에 분통이 터진다. 이제부터라도 이러한 추억의 극장을 되살리는 프로젝트를 부산시민과 함께 시작해야 한다.

부산일보는 「정달식의 문화 톺아보기 29. 보림극장 철거를 보며」(2018. 3. 29.)라는 문화부장 칼럼에서 '영화 기억 지우는 영화도시 부산'을 꼬집으면서 영화도시 부산 만들기를 위해선 지자체 단체장의 의지가 중요하다고 강조했다.

'1924년 국내 최초의 영화사 조선키네마주식회사, 일제 강점기에는 22개의 극장이 있었을 정도로 일찍부터 극장문화가 꽃을 피운 곳이 바로 부산이었다. 그뿐만이 아니다. 삼일, 삼성, 보림극장이 있었기에, 감히 지금 우리는 영화도시 부산이라고 얘기할 수 있는 것이다. (중략) 보림극장의 운명과는 달리, 서울에선 운영난으로 올해 1월 폐관했던 극장이 근래 다시 문을 연 경우도 있다. 바로 정동 세실극장이다. 서울시는 1976년부터 정동을 지켜온 세실극장의 역사적 가치를 높게 보고, 극장을 5년 이상 장기 임차한 뒤 비영리단체에 운영을 맡겨 재개관하기로 했단다. 시민 세금으로 재개관하게 된 세실극장은 공공 공간으로 개방된다. 옥상을 휴게 공간으로 꾸미고 카페 등 편의시설도 들일 계획이라니 부럽다. 이곳에서 연극 공연도 이루어지고, 워크숍이나 전시 등 다양한 행사도 개최할 거란다. 왜 부산은 못 할까. 문화와 예술을 꽃피우기 위해서는 지자체의 강력한 의지가 필요한 시대가 됐다.'

바로 우리 부산의 역대 시장들이 문화감수성이 있었다면 삼일·보림·삼성극장은 충분히 살릴 수 있었다고 본다. 가령 지금의 센텀시티 개발과 함께 이들 극장주에게 대토보상을 포함해 반대급부를 주고 이들 극장의 외관을 살리면서 '한국영화박물관' '한국성인영화박물관' '한국영화 전용관'으로 충분히 재생할 수 있었을 것이다.

부산의 새로운 도시비전인 '시민이 행복한 동북아 해양수도 부산' '문화가 흐르는 글로벌 품격 도시'를 만들기 위해서도, 예술영화와 고전영화, 대중영화, 독립영화는 물론 수준 높은 공연과 전시 프로그램이 어우러진 부산의 대표적인 문화공간으로 영화의 전당을 살려나가겠다면 이제부터라도 추억의 극장 살리기 프로젝트를 시민과 함께 만들어가는 작업이 정말 필요하지 않을까? 영화의 도시 부산에 '부산시민의 영화사랑'의 증거인 추억의 극장을 되살려야 할 이유가 여기에 있다.

이를 위해서 부산시와 지역 영화계가 적극 나서 '범일동 극장 트리오, 삼일·보림·삼성극장 되살리기' 프로젝트를 기획해야 한다. 부산시 도시재생사업의 역점사업으로 원도심 부활을 바라는 부산 동구청과 협력해 이러한 프로젝트를 적극 추진해 나가면 좋겠다. 전문가 차원에서 복원 방법에 대한 고민과 논의가 뒤따라야 함은 물론이다. 이들 극장의 경우 옛 사진이나 자료 등이 어느 정도는 남아 있다. 옛 주인 또는 지금의 건물 부지 소유주와도 허심탄회한 대화를 시작해야 한다. 특히 보림극장의 경우 아직도 외형은 남아 있다. 원형 복원이 어렵다면 이들 극장 트리오를 영화세트장 형태로 재현하는 방안도 생각해볼 수 있다. 어쨌거나 공간 확보가 우선이다.

1996년 부산국제영화제 출범 이래 부산은 1998년 부산프로모션플랜(PPP), 2001년 부산국제필름커미션·영화산업박람회(BIFCOM)를 만들었고 2006년 이를 확대 통합한 아시안필름마켓(AFM)을 띄우는 등 영화산업 확장을 위해 노력해왔다. 그러나 전문가들은 한국 영화산업이 수도권에 90% 이상 몰려 있고, 부산은 3~5% 수준밖에 되지 않기 때문에 아무리 부산국제영화제의 시너지 효과가 탁월하다 해도 수도권과 게임이 되지 않는다고 말한다. 이를 극복하기 위해 가장 필요한 것이 '창조도시의 발상' 아닐까 생각해본다. 일본 요코하마가 오늘날 창조도시로 이름을 날리는 것은 재개발과정에서도 '아카렌고(붉은벽돌 창고)'와 같은 의미 있는 도시역사 공간들을 살려낸 멋진 공무원들 덕분이다. 결국 창조도시는 추억의 공간을 보전하고 이를 재생하고 재해석하는 데 있다.

이제 새로운 국제영화도시 부산 만들기를 위해서는 진정성과 소통, 그리고 창조성이 절실하다. 이런 데서 가까운 일본 규슈의 유후인(湯布院)의 사례를 잠시 살펴보자. 유후인 온천으로 잘 알려진 유후인은 마을 전체가 '통째로 미술관'인 곳이다. 이곳이 이렇게 생태관광 1번지가 된 것은 1950년대 정부의 댐 건설계획, 1970년대 골프장, 1980년대 리조트건설 계획을 주민들이 온전히 막아낸 덕이다. 지역의 역사와 전통을 살리면서 유후인이 선택한 것이 1976년에 '영화관 없는 마을, 그러나 그곳에 영화가 있다'라는 표어로 펼친 유후인영화제이다. 다음해엔 유후인음악제를 개최해 언론의 주목을 받았다. 이곳을 찾는 관광객 수는 1965년에 연간 7만 명 정도이던 것이 요즘엔 420만 명으로 늘어났고, 연중 1800억 원의 관광소득을 올린다고 한다.

'영화관이 없는 마을에서의 영화제', '콘서트홀이 없는 마을에서의 콘서트'를 기획하고 실행해온 것은 유후인온천관광협회이다. 이러한 영화제는 1989년에는 아동영화제를 매년 3월에 이틀간 갖고, 1998년부터는 유후인 문화기록영화제를 매년 5월 하순에 이틀간 열면서 다큐멘터리영화만 집중 상영한다. 유후인음악제는 매년 7월에 나흘간 열리는데 자원봉사자체제로 운영하고 있다. 요마네 세이지 유후인온천관광협회 사무국장은 "마을을 통과하는 속도가 느리면 느릴수록 마을에 대한 인상이 더 깊게 남는다"며 "영화제나 음악제의 방식도 지역에서 먼저 대화를 통해 뜻을 모은 뒤 외부 사람들에게 알리는 입소문 방식으로 홍보하며 궁극적으로는 마을의 지속가능성을 가장 중시한다"고 말했다. 결국 거대한 시설이 아니라 소프트한 마음이 유후인을 세계적인 관광지이자 영화의 마을로 만들고 있음을 알 수 있다. 영화관 하나 없는 조그만 시골마을조차 세계적인 '영화의 마을'로 만들고 있는데 우리 부산은 과거의 멋진 추억의 극장을 불도저로 밀어버렸다.

추억의 극장 되살리기와 함께 필요한 게 또 있다. 부산이 진정 세계적인 영화도시로 거듭나기 위해서는 이제 영화와 관련되는 역사적인 장소에 대한 보전과 관리가 절실한 시기에 접어들었다고 본다. 1924년 중구 대청동에 있었던 국내 최초의 영화사인 조선키네마주식회사에 대한 스토리를 더 발굴해 의미를 부여해야 한다.

영화도시 부산에는 영화촬영지도 많다. 대략 봐도 이렇다. 변호인(청사포 철길, 영도 흰여울마을, 보수동 책방골목), 범죄와의 전쟁(동구 초량동 정란각, 지금은 '문화공감 수정'), 군도, 협녀(기장군 아홉산숲), 아저씨, 마더, 하류인생(동구 좌천동 매축지마을), 국제시장(국제시장, 보수동 책방골목), 바람(보수동 책방골목), 친절한 금자씨(주례동 주례여고 앞 골목, 중구메리놀병원, 부산진역 뒤쪽 굴다리), 잠복근무

(영도 대성보세장치장, STX조선소 내부), 달마야 서울가자(중구 광복로, 광복동 대각사), 슈퍼스타 감사용(감천동 YK스틸, 감천고개, 동구 좌천동 동아제분 앞), 내 여자친구를 소개합니다(중구 광복동, 중앙동 인쇄골목), 하류인생(범일동 삼일극장, 중앙동 인쇄골목), 홍반장(기장군 임랑, 기장군 임랑철길), 올드보이(장전지하철역 아래, 초량동 상해거리), 첫사랑 사수 궐기대회(영도대교, 자갈치 시장, 흰여울마을), 재밌는 영화(중앙동 40계단, 수정산 고가도로), 엽기적인 그녀(해운대 달맞이 나팔꽃, 금정산성, 을숙도 갈대밭), 친구(동구 범일동, 영도대교, 자갈치시장, 기장군 대변항, 부산고등학교, 초량동 산복도로) 등. 이러한 영화촬영 장소에 대한 보전 관리 및 홍보를 적극적으로 해나가야 한다.

외형적인 홍보나 성장도 좋지만 진정한 의미에서 부산시민과 관광객들이 부산을 즐길 수 있는 '영화도시 분위기 만들기'부터 시작했으면 좋겠다. 부산을 배경으로 한 영화들의 로케이션을 연결하는 '부산영화촬영지 지도' 만들기, 이동영화관을 통한 '산복도로영화제' 개최, 부산지역 촬영지에서 영화의 주인공이나 조연이 돼 나만의 영화를 찍어보는 '나도 스타' 프로젝트, 시민이나 관광객을 대상으로 연기의 맛보기를 보여주는 '2박3일 영화배우캠프' 같은 것을 생각해볼 수 있겠다. 부산국제영화제 하나만으로 영화의 도시를 외칠 게 아니라 '영화도시 부산의 황홀경 프로젝트' 같은 소프트전략을 짜고 실천해나가야 할 때이다.

지역의 미래자산, 지역 원로를 기록하자

적자생존. 다윈의 『종의 기원』에서 밝힌 '환경에 적응하는 자가 살아남는다.'는 뜻의 진화론 이야기가 아니라 '적는 자가 생존한다.', 즉 기록의 중요성을 강조할 때 우스개로 요즘 하는 말이다. 우리들이 아는 역사는 바로 기록의 역사이다. 기록하는 사람이 역사에 남는다. 부산의 미래를 위해 부산의 각계의 원로들을 기록하는 일이 시급하다. 지역 원로 아카이브를 만들어 체계적으로 기록·정리·보존함으로써 새로운 지역문화 콘텐츠를 만들자.

이순신 장군이 온 국민의 추앙을 받는 구국의 영웅이 된 것도 기록의 힘이 아닐까? 성웅 이순신은 조선왕조실록에 객관적으로 전투성과가 기록됐지만 무엇보다 장군이 전란 중에 꼼꼼히 기록한 『난중일기(亂中日記)』가 있었기에 오늘날의 이순신 장군이 있지 않을까? 게다가 임진왜란 당시 영의정이었던 류성룡이 벼슬에서 물러난 뒤 저술한 『징비록(懲毖錄)』도 이순신 장군에 대한 기록을 남겼다. 『징비록』이 역사적인 사실과 장군의 인간됨을 점검, 확인해 줌으로써 성웅 이순신의 이야기(story)를 역사(history)로 만든 것이다.

역사적으로 부산을 빛낸 인물들은 많겠지만 우리들의 뇌리에 남는 역사적 인물은 그리 많지 않다. 그것은 기록이 남은 경우가 드물기 때문이기도 하다. 우리가 알 만한 근세 부산의 역사적 인물은 어떤 분들이 있을까? 부산학 교재편찬위원회가 2016년에 펴낸 『부산학』 제4장 「부산의 인물」에는 근세의 인물로 천재 과학자 장영실(?~1442), 임진왜란 때 순절한 동래부사 송상현(1551~1592), 독도 지킴이 안용복(?~?), 개항기 선각자 박기종(1893~1907), 백산상회의 설립자 안희제(1885~1943), 독립운동가 박재혁(1895~1921), 독립운동가 박차정(1910~1944) 등 일곱 분이 소개됐다. 그리고 「현대의 인물」로 소설가 김정한(1908~1996), 세계적인 육종학자 우장춘(1898~1959), 부산의 자랑스런 기업인 강석진(1907~1984), 한국의 슈바이처 장기려(1911~1995), 울지마 톤즈의 주인공 이태석(1962~2010) 등 다섯 분이 실렸다.

이들은 조선시대 이래 현대에 이르기까지 다양한 분야의 인물로 부산광역시 홈페이지의 『20세기 이전 부산을 빛낸 인물』(2002)과 『20세기 부산을 빛낸 인물(Ⅰ)』(2004), 『부산을 빛낸 인물(Ⅱ)』(2005) 그리고 『시민을 위한 부산인물사(근현대판)』(부경역사연구소, 2004)를 바탕으로 정리한 것이다. 그런데 이 책에는 지면의 한계로 인해 다양한 분야의 인물들을 더 담지 못한 아쉬움이 있다는 말을 덧붙였다. 일례로 부산의 예술과 문화를 빛낸 분들은 특히 현대로 오면서 정말 많지만 지면의 한계로 인해 아쉽지만 제외하였고, 또한 훌륭한 분들임에도 불구하고 생존한 분은 선정대상에 넣지 않았다는 것이다.

그렇다. 역사적 인물은 하루아침에 만들어지지 않는다. 부산지역의 각계 원로 분들은 언젠가는 역사적인 인물로 바뀌게 된다. 그런데 우리는 이런 원로 분들이야말로 바로 우리 부산의 인물콘텐츠이자 미래의 역사인물임을 잊고 이분들의 삶의 기록과 평가, 보전활동을 소홀히 해오지 않았던가?

그러고 보면 필자가 개인적으로 틈틈이 뵀던 부산지역의 원로 중 어느덧 세월의 흐름에 이제는 고인이 된 분들이 제법 계신다. 천재동(1915~2007), 최해군(1926~2015), 최민식(1928~2013), 이용길(1938~2013) 선생 같은 분들이 그렇다. 이 분들은 이제 '부산의 별'이 되어 저 하늘에 빛나는 분들이다.

증곡 천재동 선생은 중요무형문화재 제18호 동래야류 보유자로 2007년 향년 92세로 별세했다. 1945년 이래 초중교사를 25년 했고, 1971년 가면제작 보유자로 인정됐다. 1973년 동래야류 연희본 정립 및 앞놀이, 뒷놀이 조사 발굴을 하는 등 동래들놀음의 탈 장인으로 40여 년간 토우, 동요민속화, 연극, 가면탈, 민속놀이 분야에 걸쳐 예술혼을 발휘해 온 인간문화재였다. 1990년대 초 기자였던 필자는 취재 차 선생님 댁을 방문해 그 많은 탈을 구경하고 놀란 적이 있다.

솔뫼 최해군 선생은 소설가이자 향토사학자로 부산학의 대가이자 시민운동가였다. 2015년 향년 89세로 별세했다. 동래에서 태어나 1956년 경남대 문학부 문학과를 졸업했다. 1962년 「사랑의 폐허에서」로 부산일보 장편소설 공모에, 희곡 「종막」으로 동아일보 신춘문예에 각각 당선했다. 1973년 부산시 문화상을 수상했고, 1982년 부산소설가협회 창립회장을 맡았으며, 1987년 장편소설 『부산포』(전3권)를 펴냈고, 1997년 향토역사서 『부산 7000년, 그 영욕의 발자취』(전 3권)를 펴냈다. 2007년 부산시민단체협의회 상임공동대표, 부산소설가협회 고문, 부산작가회의 고문, 부산을 가꾸는 모임 명예회장, 부산항을 사랑하는 시민모임 공동대표를 맡아 활동하는 등 누구보다 '부산을 사랑한 분'이었다. 부산의 역사와 문화를 연구한 책만도 15권을 펴낸 진정한 부산의 큰 어른으로 기억된다. 시민단체 모임에 갔을 때 뵈면 언제나

온화한 미소를 지으시던 분이다.

　최민식 선생은 다큐멘터리 1세대 사진가로 2013년 부산 남구 대연동 자택에서 노환으로 별세했다. 향년 85세였다. 선생은 황해도 연백에서 소작농의 아들로 태어나 월남했으며, 한국전쟁이 끝나자 일본으로 밀항, 도쿄 중앙미술학원에 들어가 2년 동안 미술공부를 했고, 그곳에서 우연히 접한 에드워드 스타이켄의 사진집에 매료돼 독학으로 사진을 공부하며 사람을 소재로 사진을 찍기 시작했다. 주로 힘없고 소외된 사람들의 남루한 일상을 카메라에 담는 휴먼작가였다. 1974년 한국사진문화상을 비롯해 도선사진문화상, 현대사진문화상, 예술문화대상본상 등 많은 상을 받았고, 1962년 대만국제사진전에서 처음으로 2점이 입선된 뒤 미국, 영국, 독일, 프랑스 등 20여 개국의 권위 있는 사진공모전에 무려 220점이 입상했다. 선생은 2008년 자신의 사진 원판 10만여 장 등 13만여 점의 자료를 국가기록원에 기증해 민간 기증 국가기록물 제1호로 지정됐다. 2013년 8월 (재)협성문화재단은 선생의 리얼리즘 사진철학과 작가정신을 기리기 위해 「최민식 사진상」을 제정해 매년 시상한다. 필자는 1997년 봄에 선생이 개설한 3개월 과정의 부산YMCA 사진 강좌를 수강했고, 선생님 댁을 방문해 엄청난 사진 관련 자료를 보고 많이 놀랐다.

　좋은 미르 이용길 선생은 부산 미술계의 1세대 판화가(스스로는 '찍그림꾼'이라고 불렀다)로 2013년 향년 75세로 별세했다. 1962년 낙동중학교를 시작으로 덕명여중, 덕명여고, 동성고 미술교사로 학생들을 가르쳤다. 선생은 미술계의 한자어와 외래어를 순우리말로 고쳐 쓰는 운동을 펼쳤다. 판화를 '찍그림'이라 하고 회화는 '칠그림', 사진은 '빛그림', 조각은 '깎새', 아틀리에는 '그림방', 갤러리는 '폄터'로 불렀다. 선생은 2007년 부산 미술계 관련 기사 스크랩북 100여 권과 미술서적 1만 권 등 50t가량의 자료를 부산시립미술관에 기증했다고 한다. 필자는 기자 시절인 1993년 「가훈을 찾아서」라는 기획 취재를 위해 선생님 댁을 방문한 적이 있다. 선생의 가훈은 '안 하는 것이 있어야 하는 것이 있다'였다.

수년 전 부산지역의 원로 문인들의 부음소식이 잇달아 나왔다. 박창희 칼럼니스트(경성대 교수)는 국제신문(2018. 4. 23) 세상읽기 칼럼에서 「낙화하는 지역 어른들」이란 제목의 글을 통해 부산지역의 원로 문인들의 별세소식을 안타까워하며 원로들에 대한 기록의 중요성을 강조했다. 요지를 정리하면 다음과 같다.

'지역 어른이 속속 세상을 떠났다. 최해군, 이해웅, 김규태, 오정환, 최화수, 이규정…. 최근 몇 년 사이 유명을 달리한 부산지역 문인들이다. 모두 무에 그리 급했던지 봄날의 낙화(落花)처럼 뚝뚝 져버렸다. 조사도, 조문도 제대로 받지 못하고 황황히 가버린 이들. 떠남과 결별은 예고 없이 찾아와 남겨진 이들을 헛헛하게 한다. 이게 삶인가 싶다가도 우련 마음이 붉어지고, 아무것도 쥐여 드리지 못하고 떠나보낸 마음 한구석엔 죄스러움이 쌓인다.
(중략)
지난 13일 별세한 소설가 흰샘 이규정은 요산 김정한의 정신을 이어 실천적 지식인의 면모를 보여준 지역 어른이었다. 그가 지역의 정신적 언덕이었던 만큼 문단의 상실감은 누구보다 컸다. 그의 치열한 작가정신과 올곧은 몸가짐, 시민사회활동 등은 지역사회의 귀감이었다. 2015년 8월 솔뫼 최해군이 타계한 이후 잇따른 지역 작가의 부음은 지역의 손실이자 크나큰 아쉬움이다. 무엇으로 이들의 빈 공간, 빈자리를 채운단 말인가. 솔뫼는 부산학의 뼈대를 세운 어른이었고, 이해웅 김 규태 오정환은 지역시의 우뚝한 봉우리였다. 기자이자 작가였던 최화수의 글은 얼마나 명쾌하고 오묘했던가.

살아 계실 때, 이들의 '작은 평전' 하나 써드릴 수 없었던가 하는 자괴감이 인다. 한 분 한 분이 지역 문단의 얼굴이요, 언덕이며 도서관이었다. 평가가 다소 엇갈린다 해도, 이들이 있어 지역문화는 노래하고 꽃을 피웠다. 뒤늦게 후회한들 무슨 소용이 있겠냐만, 지역 어른 챙기지 않는 풍토는 짚고 넘어가야 한다. 부산은 지역 어른에 대한 대접이 소홀하기로 호가 난 도시다. 사회적으로 존경받는 어른이 병마에 시달려도, 타계해도 별 관심이 없다. 지역어른 챙기지 않는 게 어느덧 부산의 습성이 된 건 아닌지 모르겠다.

(중략)

지금이라도 부산시가 '지역원로회의'(가칭)를 만들고, 문화계에서 '작은 평전' 쓰기 운동이라도 벌여야 하지 않을까. 존경받는 지역 어른의 삶은 이른바 '인간자본(Human Capital)'이다. 서부산개발이니, 지역재생이니 하며 천문학적인 돈을 털어 부으면서 정작 사람을 챙기는 데엔 인색하기 짝이 없다. 사람 없는 문화도시나 창조도시가 허깨비임을 모르는 걸까.

(중략)

지역 어른은 한 도시의 경험과 경륜의 알짬이며, 인간 자본의 대명사다. 이들을 보는 눈이 달라져야 한다.'

이제는 안타깝게 돌아가신 '부산의 별'은 물론 현재 우리 지역에서 활동하고 계시는 지역원로에 대해 관심을 가져야 할 때이다. 우선 생각나는 분이 김문숙 민족과 여성 역사관 관장(93세), 김동수 박사(93세) 같은 분이다. 김문숙 관장은 2018년 개봉한 일본군 종군위안부 소송을 다룬 영화 「허스토리」의 주연배우 김희애의 실존인물이다. 김동수 박사는 의사로서 무료진료를 해왔으며 부산YMCA 이사장, 부산생명의 전화 이사장 등 부산지역 시민사회의 큰어른으로 지역에 헌신해온 분이다. 이분들 외에도 이와 같이 지역에 헌신해온 분들의 삶을 부산과 연관 지어 좀 더 생생하게 기록하고, 스토리를 만들고, 보전할 필요가 있다고 본다.

언론계 출신 차용범 박사(언론법)가 지은 『부산사람에게 삶의 길을 묻다』(2013)에는 부산영화 대가 감독 곽경택, 클래식 대중화의 선구자 금난새, 건반 위의 구도자 피아니스트 백건우, 생각하는 건축가 승효상, 그림 기증하는 화상 신옥진, BIFF 집행위원장 이용관, 희망의 시인 수녀 이해인, 명예 부산시민 독일신부 하 안토니오 몬시뇰(1922~2017), 국민 야구해설가 허구연 등 18명의 부산 인물 인터뷰 기사가 정리돼 있다.

이런 점에서 부산은 역사를 만드는 도시가 돼야 한다. 그 첫걸음이 미래의 역사인물을 발굴하고 이들의 삶을 재조명하고, 이들의 기록을 정리보관하며, 그것을 지역화, 세계화하는 작업이 시급하다. 이를 위해 이런 제안을 한다.

첫째, 지역의 각계 원로에 대한 생생한 자료를 정리하고 보관하고 남기는 부산시 문화행정이 필요하다. 앞서 언급한 박창희 칼럼니스트는 '지역사 휴먼 라이브러리'를 구축하면 좋겠다고 제안했다. 지역 원로는 한 분 한 분이 바로 지역의 인물사 도서관이고, 이들의 연륜과 경륜, 삶의 족적들은 문화재적 가치가 있기에 이들의 마지막 숨결, 마지막 세상과의 교유록을 기록해 남겨야 한다. 평전, 작은 자서전, 소책자, 영상기록으로도 남겼으면 한다. 부산시나 부산문화재단이 적극 나서고 시의회가 예산을 반영해 연차 사업으로 '지역 인물사 아카이브'를 구축하면 어떨까? 부산시나 부산문화재단은 이 같은 사업과 관련해 각계각층의 의견을 수렴해 추진방안을 모색했으면 한다.

둘째, 이러한 것이 가능하기 위해선 무엇보다 시민과 함께 '부산학 연구'를 심도 있게 추진할 필요가 있다. 지역원로의 기록을 어떻게 정리할 것인지에 대한 고민을 많이 해야 한다. 우선 각계의 지역 원로에 대해 개인의 소사를 정리하고, 이를 시민과 함께 가치를 공유하는 작업을 해보자. 가령 민관거버넌스를 통해 부산인물(사)선고(選考)위원회 같은 것을 만들어 학자들이 정리한 것을, 시민과 소통하면서 연차적으로 예산을 반영해 추진해 나갈 필요가 있다. 지역언론도 좀 더 적극적으로 지역 원로에 대한 기록과 시민과의 소통 작업에 나서면 좋겠다.

셋째, '부산의 별'이 된 작고 원로들의 자료나 작업실, 생활공간을 이제는 부산시의 문화자산으로 보존하는 플랜을 세워야 한다. 이들 원로들의 삶의 공간을 사후에 자료관 또는 기념관으로 만들어 도시의 브랜드로 만들 필요가 있다. 이를 위해 이들 생존 또는 작고 원로분들의 후손이나 각계 전문가 그룹과 상의해 개인 재산은 보전을 하되 공익을 위해 사회적 자산으로 활용할 수 있도록 물심양면 도움을 줄 수 있는 관리체제를 지금부터 갖춰야 한다. 그리고 이러한 문화자산을 일목요연하게 하나의 문화지도로 제작해 국내외에 널리 알려 나가자.

넷째, 이러한 것이 가능하려면 무엇보다 부산이 개인 생활사 기록을 중시하는 기록문화의 도시로 탈바꿈해야 한다. 지역 원로, 명사만의 기록이 아니라 우리 일반 시민이 삶을 기록하는 법을 배우며 성장하도록 해야 한다. 작지만 시민이 스스로 자신의 가정에서, 학교에서, 기업에서 가족사와 시민평전을 정리하는 활동에 관심을 갖도록 해야 한다. 그리고 개인사 기록을 위한 글쓰기나 사진, 다큐제작 아카데미 같은 것을 적극적으로 열고, 이를 지자체나 문화재단 같은 데서 적극 지원했으면 한다. 지역원로뿐만 아니라 사회소외층의 삶을 대변할 수 있는, 인생기록도 제작돼야 한다. 부두노동자의 삶이나 지역 독거노인의 삶도 스스로 또는 사회적으로 기록하는 문화를 만드는 게 중요하다.

'마을 노인 한 분이 돌아가시면 도서관 하나가 사라지는 것과 같다.'는 말을 들은 적이 있다. 오늘날 우리는 매일매일 방대한 지식의 바다에 살고 있다. 디지털 기기로 손쉽게 정보를 생산하고 접한다. 그러나 정작 지역 사람들의 삶의 기록에는 소홀하지 않았는지 반성해본다. 기록된 사람이 역사에 남는다. 기록된 도시가 역사적 도시로 남는다. 사람이 콘텐츠이다. 우리 모두 삶을 기록하자. 그리하여 우리 부산이 진정한 문화예술 콘텐츠의 산실로 거듭났으면 좋겠다.

동북아 해양수도 부산, 독도 지킴이 안용복 장군의 기개와 정신 되살리기에 적극 나서야

4월 18일은 독도 지킴이 안용복(安龍福) 장군을 추모해 제향을 올리는 날이다. 안용복 장군은 17세기 말 울릉도 독도가 명백한 우리나라 영토임을 주장해 일본으로부터 확약을 받은 민족의 위인이지만 부산 출신임을 아는 국민은 많지 않다.

사단법인 안용복장군기념사업회는 매년 4월 18일 수영사적공원 내 수강사(守疆祠: 강토를 지켜낸 것을 기념하는 뜻에서 지어진 안용복 장군의 사당)에서 안용복 장군 추모 제향을 연다. 보통 제향날에 전국 각지에서 300여 명이 모여 행사를 하지만 정작 부산시민은 잘 모른다. 기념사업회 사람들은 제향 때에 역대 부산시장의 경우 안씨 성을 가진 고(故) 안상영 시장 때만 적극 참석했고, 그 뒤 다른 시장들이 찾는 걸 거의 보지 못했다고 말한다. 국민적인 관심을 갖고 오래 전에 출범한 기념사업회가 종친회의 기념사업으로만 머물게

되는 게 아닌지 우려했다. 정부와 부산시에 대한 서운함도 없지 않은 것 같았다.

필자는 이 글을 쓰기 전에 수영사직공원 좌수영성지에 있는 안용복 장군 사당 수강사를 들러 안용복장군상과 안용복장군충혼탑을 참배했다. 안용복장군기념사업회가 안용복장군충혼탑을 1967년에 세웠는데 2001년에 수강사를 건립하고 충혼탑도 새로 조성했다. 이어 부산 동구 좌천동에 있는 안용복장군기념부산포개항문화관(2014년 개관)도 둘러보았다. 거기엔 일본으로 건너갈 때 이용한 배의 모형선박이 실물크기로 복원돼 있다. 안용복은 조선 숙종(재위 1674~1720년) 때 동래 어민 출신의 좌수영 수군인 능로군(노꾼)이었지만, 왜인들에게 독도가 우리 땅임을 확약 받는 등 큰 업적을 세워 장군으로 추앙받았다.

안용복보다 조금 늦은 시기를 살았던 성호(星湖) 이익(李瀷, 1681~1763)은 『성호사설(星湖僿說)』에서 그를 이렇게 평가했다. '안용복은 영웅에 비길 만한 사람이다. 미천한 군졸로서 죽음을 무릅쓰고 나라를 위해 강력한 적과 대항해 간사한 마음을 꺾어, 여러 대를 끌어온 분쟁을 그치게 하고 한 고을의 토지를 회복했으니, 영특한 사람이 아니면 할 수 없는 일이었다. 그런데 조정에서는 상을 주지 못할망정 형벌을 주고 나중에는 귀양까지 보냈으니 참으로 애통한 일이다. 울릉도는 척박하다 하더라도 울릉도를 빼앗기면 대마도가 하나 더 생겨나는 것이니 앞으로의 재앙을 이루 말할 수 있으리요? 그러니 안용복은 한 세대의 공적을 세운 것만이 아니었다. 그런 사람을 나라의 위기 때 병졸에서 발탁해 장수로 등용해 그 뜻을 펴게 했더라면, 그 이룩한 바가 어찌 이에 그쳤겠는가?'(안용복장군기념사업회, 『안용복 장군』, 1967)

독도 지킴이 안용복은 숙종 시기인 1693년에 일본 본토에 가서 막부의 고위 관료 앞에서 당당하게 독도가 우리 땅임을 주장하여 일본이 인정하게 만든 인물이다. 당시 대마도주가 죽도에 우리 어민들이 들어왔다며 울릉도를 슬쩍 죽도인 양 기만하려 하자 그는 조종의 강토를 한 치도 내줄 수 없다고 주장해 죽도는 무시한 채 울릉도에 대한 소유를 못박았다. 안용복은 조선과 일본을 상대로 이중플레이를 펼치며 울릉도를 편입하려 했던 대마도주의 행위를 고발해 울릉도와 독도의 영유권을 확고하게 만든 인물이다. 조정에서는 일본과의 마찰을 우려해 그를 참수해야 한다는 의견이 있었으나 영중추부사 남구만 등의 변호로 처벌을 늦추었다. 그는 비록 조선의 현실 법을 어겼다는 이유로 처벌 대상이었으나 이미 기개 있는 영웅으로 추앙받고 있었던 것이다.

그래서 안용복 '장군'이라고 부르는 것은 원래 정식 장군이 아니라 일본에 건너가 당당히 울릉도와 독도를 한국땅이라 주장해 일본을 굴복시킨 그 기개를 높이 사서 붙여진 이름이다. 안용복은 독도 문제가 다시 불거진 1960년대 와서 재조명됐다. 1967년 1월 대통령 박정희는 "국토를 수호한 공로는 사라지지 않을 것(國土守護, 其功不滅)"이라는 휘호를 안용복장군기념사업회에 기증했고, 같은 해 10월 기념사업회가 부산 수영사적공원 안에 탑을 세울 때 장군이란 칭호를 붙였다고 한다. 고려 초기의 외교가이며 문신으로 거란의 장수 소손녕과 담판해 고려가 고구려의 후계자임을 내세워 거란군을 물리친 서희 장군이 생각난다. 안용복에 대해 노산 이은상은 '수포장(搜捕將) 울릉군(鬱陵君)'이라고 부르며 시를 짓기도 했다.

안용복 장군의 업적이란 무엇일까? 하나는 그동안 섬에 사람이 거주하지 않도록 하는 공도(空島)정책이 보여주었듯이 울릉도·독도와 관련해 희박했던 조선의 영토의식을 높였다는 것이다. 두 번에 걸친 도일(度日)로 조선 조정은 두 섬의 영유권과 조업권이 분쟁의 대상이라는 사실을 명확히 인식했고, 뒤늦게나마 적극적으로 대응해 권리를 확보했다. 다음은 일본(대마도)의 교섭태도가 변화했다는 것이다. 그동안 일본은 억지와 기만에 근거한 외교를 유지해왔지만, 안용복 사건을 통해 조선의 강경노선을 인식한 결과 유화적이고 합리적인 태도로 바뀌었다고 역사가들은 평가하고 있다.

그럼 안용복 장군에 대해 좀 더 알아보자. 장군의 인적 사항은 흐릿하다. 태어난 해는 1658년 또는 1652년 설이 공존한다. 모두 돗토리번(鳥取藩)의 번사(藩士) 오카지마 마사요시(岡嶋正義)가 지은『죽도고(竹島考)』(1828년)에 나오는데 1652년 설은 안용복 자신이 제1차 도일(1693년) 당시 42세라고 진술했다는 기록에 따른 것이고, 1658년 설은 같은 책에 실린 안용복의 호패(1690년 발행 호패에는 33세)에서 추산한 결과다. 호패 나이로 제1차 도일 당시 36세였다. 호패에는 '주인은 서울에 거주하는 오충추(主京居吳忠秋)'라고 돼 있어 그의 신분이 사노비였음을 알려준다.

이익의『성호사설(星湖僿說)』등에는 안용복이 동래부 전선(戰船)의 노꾼이었다고 기록돼 있다. 그는 얼굴이 검고 검버섯이 돋았지만 흉터는 없었다. 키는 4척 1촌으로 기재되어 있는데, 환산하면 너무 작아(123센티미터 정도) 오기로 보고 있다. 호패에는 이름도 '用卜(용복)'으로 다르게 표기되어 있다. 거주지는 '부산(釜山) 좌자천(佐自川) 일리(一里) 십사통(十四統) 삼호(三戶)'로 적혀 있는데 지금의 부산시 동구 좌천동 일대이다.『성호사설』에는 또한 '동래부의 노꾼으로 왜관을 드나들어 일본어를 잘했다'는 기록이 나온다. 그런데 2차 도일 후 우리나라 조정은 안용복이 함부로 벼슬을 사칭하고 양국 간에 외교 문제를 일으켰다는 이유로 안용복을 체포해 사형에 처하려 하다 격론

끝에 유배형으로 감형됐다. 1658년에 태어난 것으로 계산하면 40세 때의 일이었다. 유배형에 처해진 뒤 그의 행적은 알 수 없다.

우리나라 외교부 홈페이지를 보면 독도와 관련하여 안용복의 활동의 의미를 이렇게 소개해놓았다.

'안용복은 조선 숙종 때의 인물로서, 1693년 울릉도에서 일본인들에 의해 피랍되는 등 두 차례에 걸쳐 일본으로 건너갔습니다. 1693년 안용복의 피랍은 한·일 간 울릉도의 소속에 관한 분쟁(울릉도쟁계)이 발생하는 계기가 되었고, 이 과정에서 울릉도와 독도의 소속이 밝혀졌다는 점에서 의미가 있습니다.'

1696년 안용복의 두 번째 도일(渡日)과 관련,『숙종실록』은 안용복이 울릉도에서 마주친 일본 어민에게 "송도(松島)는 자산도(子山島, 독도)이며 우리나라 땅이다"고 말하고, 일본으로 건너가서 우리나라 땅인 울릉도와 독도에 대한 일본의 침범에 항의하였다고 진술한 사실을 기록했다. 안용복이 일본으로 건너갔던 사실은 우리나라 문헌뿐만 아니라『죽도기사(竹嶋紀事)』,『죽도도해유래기발서공(竹嶋渡海由來記拔書控)』,『인부연표(因府年表)』,『죽도고(竹島考)』등의 일본 문헌도 전한다. 특히 최근(2005년) 일본에서 새로이 발견된 사료인「원록구병자년조선주착안일권지각서(元祿九丙子年朝鮮舟着岸一卷之覺書)」(1696년 안용복이 오키섬에 도착하였을 때 오키섬의 관리가 안용복을 조사한 내용을 기록한 문서)는 안용복이 울릉도(竹島)와 독도(松島)가 강원도 소속이라고 진술하였다고 기록하고 있어,『숙종실록』의 내용을 뒷받침한다.'고 적었다.

일본 외무성 홈페이지를 보면「안용복이란 어떠한 인물이었나?」라고 하는

Q&A 자료가 나온다.

'안용복은, 1693년 울릉도(당시 일본명 다케시마)에 출어한 오오타니가의 우두머리의 대리인에 의해 일본에 함께 돌아와, 1696년 돗토리번에 호소할 게 있다며 자의로 일본에 온 인물입니다. 그러나 그 후 안용복이 국외로 건너갔다는 이유로 조선에서 조사를 받았습니다. 취조 때 안용복은 울릉도에서 일본인의 월경을 비난해, 일본인들이 송도(松島)에 살고 있다고 하니, 송도는 '자산도'이며 이 또한 '우리나라 땅'이라고 했다고 진술했습니다. 이 때문에, 그 후의 조선 문헌에서 우산도와 오늘의 다케시마를 연결짓는 표현이 생겼습니다. 한국 측은 이 안용복의 조사 때 진술을 다케시마의 영유권의 근거의 하나로 인용하고 있습니다. 이 안용복의 진술은 『숙종실록』의 숙종 22년(1696년) 9월 무인조(戊寅条)에 기록되어 있습니다. 그러나 이 문헌에서는 당시 조선이 안용복의 행동을 알지 못했고, 그 행동은 조선을 대표하는 것은 아니라고 인식했음을 확인할 수 있습니다. 또 안용복의 진술 자체에 대해서도 사실과 부합하지 않는 묘사가 많이 있어 신빙성이 부족합니다.'

일본 외무성은 이어 안용복 장군의 대표성과 진술의 신빙성에 대한 보충자료를 붙여놓고 있는데 참으로 궁색한 논리가 아닐 수 없다.

안용복 장군이 아니었다면 우리는 독도 문제는 물론 울릉도까지 일본 땅이라고 주장하는 일본의 논리에 줄곧 시달릴 뻔했다. 『시민을 위한 부산의 역사』(부경역사연구소, 선인, 2013)에 오인택 부산교대 교수의 '울릉도 지킴이, 안용복은 부산의 보통사람'이란 글이 있다. '현재 독도가 일본이 주장하는 영유권 시비 대상이지만 조선시대에는 독도가 아니라 울릉도가 일본의 영유권 시비 대상인 적이 있었다. 오늘날 울릉도가 한국 영토라는 사실은 한국인뿐만 아니라 일본인 가운데도 의심하는 사람은 없다. 이는 조선시대의 영유권 시비 과정에서 울릉도를 지켜낸 결과이다. 여기서 잊을 수 없는 인물이 부산의 보통사람 안용복이다. 동래에 살던 평민 신분의 어부였던 그는 17세기의 울릉도 영유권 시비에서 일본 대마도의 농간을 막는 데 적극적인 역할을 하였던 인물이다.'

이제 부산시도 좀 더 적극 나설 필요가 있다. 해양수도 부산을 이야기한다면 빼서는 안 되는 인물이 안용복 장군이다. 안용복 장군은 우리 민족의 위인이자 우리 부산의 자랑이다. 우리 국민에게, 나아가 부산을 찾는 외국인에게도 안용복 장군을 널리 알려야 한다. 안용복 장군의 정신이 바로 부산정신임을 알려야 한다.

부산 차원에서 안용복 장군의 기개와 정신을 국내외에 알리기 위해 몇 가지 제안을 하고자 한다.

첫째, 부산시는 안용복 장군 기념사업에 적극 나서야 한다. 이를 위해 우선 안용복장군기념사업회를 적극 지원할 필요가 있다. 제향 때는 부산시장을 비롯한 부산지역 기관장들이 대거 참석하는 것이 옳다고 본다. 어렵사리 안용복장군기념사업회 안판조 회장과 통화를 했다.

안판조 회장은 "현재 독도문제로 일본의 외교적 도발이 심각한데 지금이야말로 안용복 장군에 대해 부산시민이 제대로 알아야 한다. 예전에는 6월 6일 현충일에 제사를 모셨는데 2001년부터는 안용복 장군이 귀양 간 날인 4월 18일을 제향일로 잡았다. 기념사업회 차원에서는 현재 수영사적공원 주변에 터를 더 넓혀서 제대로 된 안용복장군기념관을 조성할 필요도 있고, 동구 좌천동에 장군의 생가복원, 미래세대를 위한 역사연구소나 한일교류 같은 것도 생각하고 있다. 안용복 장군뿐만 아니라 함께 도일한 동료 박어둔(朴於屯)공 등 다른 지사들에 대한 연구, 선양사업이 필요한데 지금은 지자체에서 나오는 제사비용 외 지원이 없어 사업회 사무국 직원 한 명 두기가 어려운 실정이다. 경북도 출연기관인 사단법인 독도재단이 지자체의 전폭적인 지원을 받는 것과 대조돼 많이 안타깝다"고 말했다.

이러한 기념사업회의 고민에 대해 부산시와 수영구, 동구청이 좀 더 뜻을 모아 고민을 함께 했으면 한다. 그리고 나서 기념사업을 범시민운동으로 확대해 나가면 좋을 것이다. 기념사업회는 1966년 3월에 『안용복장군 약전』을 간행했고, 4월에 「죽도전말(竹島顚末)」과 「통항일람(通航一覽)」 초(抄)를 복사 간행했고, 그해 12월 『안용복 장군』을 간행했다.

둘째, 안용복 장군 기념 시설과 관련해 통일된 이미지 설정과 전국적인 네트워크 만들기가 시급하다. 지금 부산 동구 중산로 100에 건립된 안용복기념 부산포개항문화관에는 「안용복 도일사 전시관」도 있고, 그 앞에는 부산항을 배경으로 안용복 장군이 일본으로 타고 갔다는 목선을 실물 크기로 복원해 전시하고 있다. 이곳에선 안용복 장군의 생가터(매축지마을)도 조망하게 해놓았다. 그런데 명칭이 그냥 '안용복'이다. '안용복장군추모 부산포개항문화관'이나 '안용복장군 도일사 전시관'으로 바로 잡아야 한다.

이와 함께 우리나라에 있는 독도역사관을 네크워크화할 필요가 있다. 현재 경북 울릉군 울릉읍 도동항 인근에 안용복기념관(2013년 개관)이 있고, 울릉군 북면에는 독도의용수비대기념관(2017년 개관)이 있다. 울릉도의 안용복기념관도 경북도에 조언을 해 '안용복장군기념관'으로 명칭을 변경하는 것이 바람직하다고 본다. 또한 독립기념관 독도학교나 경북도의 재단법인 독도재단과 안용복장군기념사업회가 적극적으로 연대했으면 좋겠다.

셋째, 안용복 장군의 동상을 부산지역 중심에 제대로 세워야 한다. 이를 위해선 현재 거론되는 옛 부산진역사를 '안용복(장군)공원'으로 지정하는 것도 바람직하다. 아니면 북항의 시민친수공원 한 곳을 '안용복(장군)공원'으로 지정하는 방안도 고려할 만하다. 동구청이 원하는 철도박물관을 추진하면서 안용복(장군)공원을 함께 고민하면 답이 나올 것 같다. 현재 동구 초량동 옛 부산KBS 부지 인근의 다대포첨사 윤흥신 장군의 석상을, 논의를 거쳐 사하구 다대포로 이전하고, 그 자리에 안용복 장군상을 세우는 것도 생각해볼 수 있다. 사하구 다대동 윤공단에서 윤흥신 장군 제향을 봉행하는 만큼 현재 유동인구가 많은 다대포공원의 중심에 모시는 방법도 공감을 얻을 수 있을 것 같다.

넷째, 안용복 장군의 기개와 나라사랑 정신에 대한 지속적인 연구와 교육이 절실하다. 부산연구원이나 지역 대학의 역사학과에서 좀 더 적극적으로 안용복 장군과 독도문제에 대한 연구가 일어나야 하고, 지자체가 이를 지원하는 시스템도 마련해야 한다. 지난해 1월 부산교육청이 발간한 인성교육 교단지원자료 '부산의 인물'과 같은 책을 학생용이 아니라 시민용으로도 개발했으면 한다. 『부산의 인물』에 실린 주요 인물은 독립운동가 박재혁 선생, 여성 독립운동가 박차정 의사, 독립운동 자금을 조달한 안희제 선생, 송상현 동래부사, 마음으로 백성을 보살핀 강필리 동래부사, 임진왜란 때 나라를 지킨 윤흥신 장군과 정발 장군, 독도를 지킨 안용복 장군, 조선시대 과학자 장영실 선생, 씨 없는 수박을 널리 보급한 우장춘 박사, 부산 야구의 전설 최동원 선수 등 30인이다. 앞으로 '부산의 인물' 한 분 한 분을 부산의 역사브랜드로 삼는 노력을 이어가야 한다.

나아가 해양 관련 단체에서 안용복나라사랑아카데미 또는 안용복해양아카데미처럼 부산다운 시민강좌나 포럼을 이끌어가면 좋겠다. 통일신라시대 청해진(현 전남 완도) 출신의 해상왕 장보고(張保皐, 787~846년) 대사(大使)와 같이 기념관을 넘어서 해군 잠수함 장보고함과 같이 '안용복함'도 나오도록 해야 하고, '안용복홀' '안용복관' 같은 관공서 건물 혹은 공간 이름과 '안용복로' 같은 도로명도 생겼으면 좋겠다.

안용복 장군은 관존민비의 왕조시대임에도 불구, 보통사람이 '위대한 시민'이 되는 길을 우리에게 보여줬다. 안 장군의 뜻을 높이 기리고 새기면 진정한 의미에서 진취적이고, 창의적이며, 시대정신을 앞서가는 시민을 만들어낼 수 있지 않을까? '동북아 해양수도 부산' 만들기에 안용복 장군의 정신이 꼭 필요한 이유이다.

항만물류도시 부산의 원류
수영강 재송포 역사를 제대로 살리자

재송포를 아시나요?

부산 해운대 센텀시티 센텀아파트 앞 도로와 수영강 사이 언덕을 거닐다 보면 '재송포'라고 쓰인 한글 표지석을 만나게 된다. 이곳이 예전에는 포구였다는 말이다. 재송동을 알고 있는 시민조차 '재송포'라는 말은 낯설다. 그 열쇠는 '수영강'에 있다.

수영강은 1652년(효종 3년) 하구(수영구 수영동 231)에 경상 좌도 수군절도사영(慶尙左道水軍節度使營)이 설치되면서 수(水)와 영(營) 자를 따서 지은 이름이다. 수영강을 사이에 두고 절도사영과 재송포는 맞바라보고 있었다. 이 수영강에 조선시대에는 숱한 배가 드나들었고 수영강과 해운대 앞바다에서는 각종 어로작업이 성행했다. 재송포의 강 건너 맞은 편에는 경상좌수영의 전선들이 정박하고 활동하던 시절 재송포는 수영강의 가장 큰 포구였을 가능성이 높다(『해운대구지』, 1994).

18세기 경상좌수영의 제도·조직을 정리해 놓은 『내영지(萊營誌)』에 따르면 '재송포는 경상좌수영 동쪽 5리에 있다. 소나무 수 만 그루가 있다.' '재송포는 동래부에서 동쪽으로 10리에 있고, 소나무가 수 만 그루 있다.' '장산에서 베어낸 소나무로 조선골에서 전선(戰船)을 만들어, 재송포에서 띄워 좌수영으로 가져갔으며, 조선통신사로 조엄이 일본에 갈 때 조선골에서 만든 배 2척을 사용했다.'는 기록이 나온다.

당시 재송포는 소나무 숲으로 둘러싸여 있었으며, 재송포의 진산(鎭山)인 장산 역시 소나무가 울창했음을 알 수 있다. 재송포의 '송'은 소나무 송(松)이다. 거북선을 비롯해 조선시대 전선(戰船)의 주 재료는 소나무였다. 재송포의 위치는 1992년 온천천 직강공사 이전에 흐르던 온천천과 수영강이 합류하는 지점, 곧 지금의 재송동 773-2 일대로 추정된다. 조선골의 위치는 장산의 남서산록에서 발원하여 수영강 하류 재송포로 흘러드는 소하천 골짜기, 즉 지금의 재송 1동 산75-5 일대로 추정할 수 있다. 조선골에서 만든 배는 재송포를 통해 수영강으로 나아갔다.

옛 문헌에 재송포는 한자로 栽松浦, 裁松浦가 혼용되고 있다. '심을 재(栽)'와 '마를 재(裁)'가 함께 쓰이는데 '소나무로 조선골에서 전선(戰船)을 만들었다'는 기록으로 보아 '소나무를 마름질해 무엇을 만든' 포구라는 의미의 재송포(裁松浦)란 표기가 더 설득력이 있는 것 같다.

조선시대 수영강은 어로자원이 풍부했다. 수영강 하류에 위치한 재송포는 수영만으로 출어하는 어선들의 전진기지로서의 역할도 담당했을 것이다. 또한 가까운 곳에 사창(社倉)이 있었으므로 세곡선도 무시로 드나들었을 것이다. 따라서 재송포는 장산의 소나무, 조선골, 경상좌수영, 통신사 선박 건조, 사창, 수영강, 수영만과 어우러져 내륙물류기지로서 번창했음을 쉬 짐작할 수 있다. 조선통신사는 6척의 배에 약 500명의 인원과 물자를 싣고 쓰시마, 오사카를 거쳐 교토, 때로는 도쿄까지 갔다는데 한양을 출발한 통신사 일행은 2개월 정도 걸려 부산에 도착해 영가대(永嘉臺)에서 해신제(海神祭)를 지냈다. 이러한 통신사 일행의 움직임에 대해 재송마을까지도 영향을 받았다(한국학중앙연구원). 수영강 재송포는 '동아시아 해양수도'를 지향하고 있는 우리 부산의 입장에선 '항만물류도시의 원형'이라고 해도 될 듯하다.

그런데 놀라운 것은 지금도 재송포의 흔적이 재송동에 보인다는 것이다. 재송마을은 조선골에 더해 뒷골, 안골, 서당골로 불리어 온 세 계곡이 있었는데 지금도 재송1동 산74-5 일대 골짜기의 옛 명칭이 조선골이라고 전해진다. 이를 지도상에서 유추하면 지금의 해운대 재송동 센텀고와 메르세데스 벤츠 부산해운대전시장 사이 도로 뒤편 산중턱쯤으로 추정된다. 뒷골은 지금의 해운대경찰서가 있는 지역이고, 안골은 북쪽 현 삼성아파트가 있는 지역이며, 서당골은 현재 은진송씨 문중 재실인 재송재(栽松齋)가 있는 자리로 부산광역시 해운대구 재송1로 31번길 12-12와 신대암메디칼(해운대로 91번길 21-13) 일대이다. 서당골 사람들은 원래 충청도 회덕에서 임진왜란 이전인 1550년께 동래로 이사 온 은진송씨(恩津宋氏) 삼성공파 문중으로 이곳 집성촌을 송촌(宋村)이라고도 불렀다.

이러한 재송마을의 옛 모습은 근세문학자인 최한복(崔漢福, 1895-1968) 선생이 정리한 『수영유사(水營遺事)』의 「수영팔경(水營八景)」에 '재송직화(栽松織火)'로 묘사된다. 재송직화는 재송마을의 부녀자들이 관솔불을 밝혀놓고 베를 짜는 길쌈 광경을 수영강 건너편 좌수영성에서 바라본 풍광으로 마치 소나무 사이로 일렁이는 여름밤의 반딧불이처럼 보였다는 것이다.

수영강 일대는 조선시대 해군기지이자 조선업이 이루어지던 곳으로 수영강 상류는 오늘날 노포동이 있는 팔송 일대로 거슬러 간다. 옛날에는 수영강의 교역선이 팔송진까지 들어왔다고 한다. 임진왜란 때는 왜적들이 수영강을 따라 팔송진을 통해 들어와 호국사찰인 범어사를 공격했다고도 한다(「해운대 향토사 과제도출 연구」, 2018).

그런데 그 뒤 재송포와 인근 해운포는 모래와 토사로 메워져 거대한 충적평야로 변했다. 이 충적평야에 일제 강점기 골프장이 건설됐다. 1928년 일본인 언론기관인 부산일보가 골프장 건설을 주장해, 부산골프장(재단법인 부산골프클럽)이 만들어지면서 수영강 하구 약 6만6천 평의 소나무 우거진 백사장을 갈아엎고 1933년 잔디를 깐 9홀 규모의 골프장이 들어섰다. 이렇게 해서 그 많던 재송포의 소나무 숲이 사라진 것이다. 부산골프장은 1944년에는 일제의 군용 비행장이 된다. 이것이 우리가 잘 알고 있는 수영비행장이다.

수영비행장은 1950~1954년 국내 유일의 임시 국제공항으로 사용됐으며 1963년 국제공항으로 승격되었으나 1976년 김해공항이 개장되면서 수영비행장은 폐쇄되었다. 그 뒤 수영비행장 부지는 국방부가 관리하면서 비행장 활주로 양측 외곽을 컨테이너 야적장 부지로 임대해 많은 양의 컨테이너가 적재돼 있었다. 그러다 2000년대 들어서면서 이 일대는 센텀시티라는 신도시로 탈바꿈한다.

재송마을 사람들이 이러한 재송포의 역사를 찾기 위해 노력해왔다. 이 마을 사람들은 재송포축제를 열고, 시장통 안에 재송역사박물관을 건립했으며 재송당산제를 지내고, 전통술인 송순주 복원에 나섰다. 재송지역발전협의회가 2007년 제1회 재송포축제를 열었다. 재송동이나 재송마을 축제가 아닌 '재송포축제'이다. 이 때 재송지역발전협의회는 재송1·2동 주민자치위원회와 함께 수영강변에 재송포 표지석을 건립했다. 2013년 재송마을 사람들은 해운대구 재반로 63번길 23 재송시장 안에 10평가량의 재송역사박물관을 만들었다. 옛 문헌에서 나타난 재송동의 흔적, 재송지역에서 출토된 유물 사진, 근·현대 재송동의 변화와 발자취 사진, 재송동만의 설화와 전설 등을 한 눈에 볼 수 있도록 전시했다.

1986년 창립한 재송본통당산제회(栽松本統堂山祭會)는 매년 당산제를 지내고 있다. 재송동 주민자치위원회는 송순(松荀·소나무의 새순)을 발효한 재송마을 고유의 술인 송순주(재송주) 복원을 추진하고 있다. 옛날 왜구로부터 불바다가 된 마을을 지키기 위해 자신의 몸을 불태운 여우 전설을 바탕으로 여우가 살았던 소나무 숲의 여릿여릿한 송순을 따다가 약수와 함께 빚어 제를 지냈는데 이때 바친 술이 송순주라는 것이다.

이러한 재송포 스토리텔링은 2019년 부산연구원 부산학연구센터 교양총서 프로젝트인 『재송마을 이야기』에 담겼다. 이 프로젝트는 필자와 조송현 인저리타임 대표(동아대 겸임교수), 엄수민 인저리타임 기획이사(전 대홍기획 부장)가 공동으로 참여해 6개월간 연구한 내용으로 2019년 말 책자로 나왔다.

이 프로젝트는 △박정희 전 해운대구의회 의장 △유영진 재송역사박물관 관장 △손성민 재송본통고당제회 총무 △송동근 은진송씨삼성공파종회 회장 △박종하 재송1동 주민자치위원회 위원장 △김위자 재송2동 주민자치위원회 위원장 △서성아 재송1동 주민자치위원회 간사 등 재송마을 지역 리더들과 △김해룡 티파니21 대표이사 △박창희 스토리랩 수작 대표 △서종우 가능성연구소 소장 △정진택 해운대문화원 사무국장 △강동진 경성대 도시공학과 교수 △양홍숙 부산대 교양교육원 교수 등 전문가들의 조언과 자문을 받아 이뤄졌다.

이제 항만물류도시 부산의 원형이라고도 할 수영강 재송포 역사를 되살리기 위해 어떻게 하면 좋을까? 재송마을의 그랜드 디자인을 위해 다음 몇 가지를 제안한다.

첫째, 수영강에 수상레저타운을 조성하자. 수영강 수로를 이용하여 재송동 위쪽까지, 작은 배가 올라갈 수 있도록 '신재송포 수상코스'를 열어보면 좋겠다. 하구 수영교의 교각을 좀 더 높여 선박 출입을 쉽게 하고 이곳에 소형 파워보트나 무동력 레저기구와 같은 해양레저기구 계류시설을 설치해도 좋을 것이다. 강 중간에 도로의 중앙선처럼 청신호, 적신호의 표시등을 설치하고 우통항(오른쪽 통항)을 하게 하고 양안에는 선박계류시설을 설치해보자. 이렇게 함으로써 재송포 표지석이 있는 일대를 '신재송포'로 칭하고 수영만 요트계류장의 보조적 역할을 하면서 새로운 해양레저의 메카로 만들 수 있을 것이다. 일본의 오사카의 수상(水上)버스와 같은 것을 도입해 해운대-재송동(수영강)-민락동-용호동-영도-중앙동' 코스를 개발하는 것도 논의할 만하다.

둘째, '수영강 역사박물관' '수영강 옛길'을 만들어 재송포 이야기를 널리 알리자.

재송동은 수영강의 문화자산 및 유산을 재조명하는 관점에서 바라볼 필요가 있다. 입석나루, 노포, 팔송진, 재송포, 해운포 등은 한때 수영강의 대표적 나루터(포구)였다. 문화콘텐츠의 하나로 재송동 아래 수영강변(나루공원 일대)에 수영강 역사박물관 또는 수영강 역사 라키비움 같은 것을 세워 재송포와 주변 고분군의 역사를 담아내면 어떨까?

셋째, 신(新)수영팔경을 만들어보자. 수영강을 중심으로 좌수영과 재송포를 연결하는 것이 중요하다. '재송포의 옛 선창에서 누렸던 풍요를 재현'하기 위해 현재 부산시가 추진중인 수영강 보행교가 만들어질 경우 종점부(시점은

좌수영 선소 부근)로서, 낙우송, 버드나무 등을 많이 심어 오래된 분위기의 선창과 저잣거리의 재현이 가능한 수변마당을 만들어보면 어떨까? 강변에 만 그루의 소나무로 가득하던 재송포와 재송직화의 상상도(想像圖), 그리고 일제를 거치면서 골프장, 수영비행장, 콘테이너 야적장, 센텀시티로 바뀌는 모습을 통해 수영강의 변천사를 생생하게 볼 수 있게 만들어 보자. 원래 수영팔경 중 복원이 가능한 좌수영성을 기본으로 하고, F1963, 팔도시장, 보행교, 나루공원, 영화의전당, 삼어마을 입구 등 새로운 경(景)을 추가해 '신수영팔경'도 만들어보자. 또한 재송동을 둘러서 수영강을 건너 좌수영까지 '역사의 길'을 조성하고, 수영강 위에 거북선, 판옥선, 조선통신사선 등 역사성 있는 배 같은 디자인을 한 '수영강 역사박물관'을 건립해도 좋을 것이다. 수영강에 옛 재송포와 조선골에서 만들었음직한 좌수영의 '전함' 한 두 척을 띄워놓아도 좋지 않을까?

넷째, 재송마을과 센텀시티, 재송포와 좌수영을 연결하는 축제를 만들자. 오래된 재송마을과 새로운 센텀시티를 연계할 수 있는 중간지역에 '브릿지시설'을 만들 필요가 있다. 아랍에미레이트의 두바이 프레임과 같은 전망대를 재송마을과 센텀시티 사이에 만들고, 예전에 콘테이너 야적장이었고 지금은 여관이 많은 중간지역에 해운대구청이 청년창업기업을 적극 유치해 '창의예술지대'로 만들어냈으면 한다. 또한 옛 재송포과 좌수영을 잇는 행사로 새롭게 수영강 인도교가 생긴다면 재송포-좌수영 줄다리기 행사를 한번 열어보면 어떨까? 주경업 부산민학회 회장에 따르면 1933년 구포다리(길이 1060m)가 완성된 뒤 구포다리 가로등 전기요금을 어디서 부담할 것인가를 놓고 시비가 생겼는데 구포면장과 대저면장이 논란을 벌이다 '줄다리기'로 결정하자고 해서 대저-구포 줄다리기를 벌여 구포 쪽이 이겼다고 한다. 안동에서는 지금도 동네 대항 줄다리기를 재연하기도 하는 만큼 부산의 새로운 관광상품으로 기획해보는 것도 괜찮을 것 같다.

　재송1·2동은 원래 같은 마을이었는데 분동이 되면서 마을 사람들끼리 왠지 모르게 서먹해진 감이 없지 않다고 한다. 통합동이 됐으면 좋겠다는 주민들의 바람을 이뤄낼 순 없을까? 경기도 안산시 원곡 1·2동은 한 때 분동됐다가 2018년에 안산시 단원구 '백운동'으로 통합된 바 있다. 재송마을 사람들은 재송동 본동지역이 해운대지역에서도 상대적으로 낙후되었다면서 이러한 문제를 해결하고, 지리상 해운대의 중심에 있는 만큼 현재 논란이 되고 있는 해운대구청 신청사 부지가 당초 계획한 대로 재송지역으로 이전하기를 바라고 있다.

　이처럼 재송마을의 이야기는 무궁무진하다. 조선시대 재송포의 시대적 변천과 마을사람들의 옛것 찾기를 보면서 수영강 재송포에 대한 재발견이야말로 동북아 해양수도 부산의 오래된 미래이자 비전 찾기가 아닐까 싶다.

자성대를 부산진성으로, 한·중·일 호국평화공원으로 되살리자

 부산 동구 자성대(子城臺), 즉 부산진성(釜山鎭城)은 한·중·일의 전쟁과 평화가 깃든 흥미로운 역사공간이다. 역사인물로 보면, 임진왜란 때의 정발 장군과 왜장 소서행장, 명나라 장수인 천만리, 만세덕의 스토리가 겹친다. 또한 자성대 일대는 독립운동가인 박재혁 의사, 부부 독립투사 최상운·변봉금, 임정요인 장건상 등 애국지사의 숨결이 살아 있는 곳이다. 부산의 근대 선각자 박기종, 동명목재 강석진, 국제그룹 양정모 등 부산지역 산업의 선구자들이 자성대 인근에서 사업을 일으켰다. 이러한 자성대의 역사자원을 바탕으로 부산진성의 역사 정체성을 되찾고, 이 일대를 한·중·일 호국평화공원으로 만들어 국제평화교육의 거점으로 삼는 노력을 해보면 좋겠다.

 부산진성은 역사적으로 4기의 변화를 겪는다. 1490년(성종 21년)에 처음 축성됐는데 위치는 증산공원 일대로 현재 정공단 외삼문을 남문으로 추정하기도 한다. 2기는 1592년 임진왜란 때 왜군에 의해 성이 함락이 된 뒤 증산(甑山)과 자성대에 왜성이 축조되고 7년간 점령 하에 있게 된다. 3기는 왜란이 끝나고 조선군이 자성대 왜성을 이용해 다시 쌓은 부산진성이 그 뒤 400여 년간 지속됐는데 현재 남아있는 그림·고지도·사진들은 대부분 조선 후기 부산진성의 모습이다. 4기는 해방 이후 도시화되면서 부산진성이 사라져가고, 1974년 자성대에 서문과 동문 등을 복원하면서 만든 부산진지성(釜山鎭枝城)의 모습으로 변해간다.

　왜군과 명군이 물러난 뒤, 조선은 자성대 왜성 위에 부산진성을 재건한다. 당시 성의 둘레는 506m, 높이가 3.9m였다. 동헌과 객사, 동서남북에 각각 웅장한 문루가 들어섰다. 서문엔 「남요인후(南邀咽喉) 서문쇄약(西門鎖鑰)」이란 우주석을 세웠다. '이곳은 나라의 목에 해당되는 남쪽 국경, 서문은 나라의 자물쇠'라는 뜻으로 강한 호국의지가 읽히는 글귀다. 오늘날 부산진성은 도시개발에 밀려 현 자성대를 빼놓곤 대부분 사라졌지만, 성남(城南)초등학교, 성동(城東)중학교, 부산진(釜山鎭)시장, 남문(南門)시장 등 부산진성이 남긴 지명의 자취도 많다. 자성대 동편에 조선통신사역사관과 영가대를 복원한 것도 부산진성과 무관하지 않다. 이제 부산진성의 역사 현장으로 한번 되돌아 가보자.

　자성대 즉 부산진성의 역사인물로 으뜸은 부산진 첨사 정발(鄭撥, 1553-1592) 장군이다. 정발은 선조 25년(1592년) 4월 13, 14일 일본의 제1군 1만 8000여 명의 군사가 700여 척에 분승해 부산을 내습했을 때 길을 내놓으라는 왜군의 '가도(假道)' 요구에 일절 응하지 않고 3000여(병력 600~1000명 추정) 군관민이 하나가 되어 최후의 일각까지 싸우다 전사했다. 그러했기에 적군도 정발의 용전분투를 높이 사 임란 때 가장 용감한 장수가 부산의 '흑의(黑衣)장군'이라 했을 정도이다. 영조 37년(1761년) 좌수사 박재하가 공의 전망비를 세웠으며 영조 42년(1766년)에는 첨사 이광국이 정공단(鄭公壇)을 마련했고, 조정에서는 충장공(忠壯公)이란 시호를 내렸다. 임란 당시 이틀간의 부산진전투를 그린 기록화인 부산진순절도(釜山鎭殉節圖)(보물 제391호)에는 중앙에 부산진성 남문에서 검은 갑옷을 입고 전투를 이끄는 흑의장군 정발이 그려져 있다.

이 자성대에 등장하는 또 하나의 인물이 침략자인 왜장 소서행장(小西行長: 고니시 유키나가, 1555-1600)이다. 고니시는 임진왜란 당시 제1진으로 부산진성과 동래성을 공격해 함락하고 이후 대동강까지 진격해 평양성을 함락했다. 그러나 1593년 명나라 장수 이여송이 이끄는 원군에게 패해 평양성을 불지르고 서울로 퇴각했으며 전쟁이 장기화되자 조선의 이덕형, 명나라 심유경 등과 강화를 교섭하였으나 실패하였다. 1597년 정유재란 때 다시 조선으로 쳐들어왔다가 1598년 도요토미 히데요시가 사망한 뒤 철군명령이 내려지자 일본으로 돌아갔으나 일본 내전에서 라이벌이던 가등청정(加藤淸正: 가토 마사요시)측과 싸우다 패해 가톨릭 교리에 따라 할복 자결을 거부하고 효수당했다.

재일 사학자인 이진희는 『왜관·왜성을 걷다: 조선 속의 일본(倭館·倭城を歩く: 李朝のなかの日本)』(1984)이라는 책에서 독실한 가톨릭 신자인 고니시가 임진왜란이 명분 없는 침략전쟁이라 생각해 하루라도 빨리 전쟁을 끝내기 위해 명나라 측과 강화교섭에 나섰으며, 조선군에 대해서도 사전에 정보를 알려주기도 하는 등 피해를 최소화하려는 노력을 보이기도 했다는 점을 자료를 바탕으로 소개하고 있다.

자성대에 등장하는 명나라 장수는 2명이다. 한 명은 만세덕(萬世德, 1547 -

1603), 다른 한 명은 천만리(千萬里, 1543-?)이다. 만세덕은 산서성(山西省) 출신으로 정유재란 당시 조선에 파견된 명군의 전투사령관으로 철수하는 왜군을 부산 해안까지 추격했고, 명군의 주력이 철수한 후에도 한동안 조선에 남아 있었다. 자성대에 만세덕군(萬世德軍)이 진주한 일이 있어 자성대를 만공대(萬公臺)로 부른다는 설도 있다. 또한 명나라 장수 천만리는 하남성(河南省) 출신으로 영량사(領糧使)로서 우리나라에 기마병 2만을 거느리고 와서 평양 곽산에서 왜적을 무찌르고 동래까지 왜군을 추격해 공을 세웠는데 전쟁 뒤 조선에 남았다. 선조는 천만리를 화산군(花山君)에 봉하고 훗날 충장공(忠壯公)이란 시호를 내렸다. 천만리는 영양천씨(潁陽千氏)의 중시조가 됐다.

　자성대공원 아래쪽엔 영가대(永嘉臺)와 조선통신사역사관(朝鮮通信使歷史館)이 붙어 있다. 영가대는 조선통신사가 이곳에서 항해의 안전을 비는 해신제를 지내고 일본으로 출발한 곳이며 조선통신사역사관은 2010년에 개관했다. 자성대공원 위쪽 한 편에는 최영사당(崔瑩祠堂)도 있다. 최영(1316-1388) 장군은 왜구 섬멸에 앞장섰으나 부하이던 이성계에 의해 참수됐는데 그 뒤 무속에서 장군신으로 섬김을 받고 있다. 이 사당은 지방민의 힘으로 건립됐다.

　독도 지킴이 안용복(安龍福, 1652 또는 1658-?) 장군 이야기도 빼놓을 수 없다. 안용복은 숙종 때 좌수영 수군인 능로군(노꾼)이었지만, 왜인들에게서 독도가 우리 땅임을 확약받는 등 큰 업적을 세워 장군으로 추앙받았다. 안용복 장군이 살았던 곳이 '좌자천(佐自川)'으로 지금의 동구 좌천동 일대이다. 이러한 호국정신은 일제 강점기 자성대 일대의 항일운동으로 이어졌다. 1916년 9·13 부산진 항일봉기가 대표적인데 영가대 남구(南口)에서 제1호 전차에 한 여성이 치어 숨지는 교통사고가 발생하자 수백 명의 애국 항민들이 봉기해 전차를 전복시키고 수천 명으로 늘어난 시위대가 경부철도를 차단해 11시간이나 철도운행이 중단되고 47명이 소요죄 등으로 검거되기도 했다. 또한 박재혁(朴載赫, 1895~1921) 의사와 오택(吳澤), 최천택(崔天澤) 선생의 부산경찰서 폭파사건, 부부 독립투사 최상운(崔商雲) 변봉금(卞鳳今) 선생도 좌천동 출신이며, 임정요인 장건상(張建相) 선생도 자성대 주변에서 살았다. 게다가 1922년, 1923년, 1929년 조선인 노동자들이 총파업을 벌인 조선방직 노동투쟁이 있었던 곳도 바로 이 일대이다.

자성대 일대는 또한 부산 산업의 발상지라고도 할 수 있다. 부산의 대선각자 박기종(朴琪淙, 1839~1907)도 좌천동에 연고가 있었고, 동명목재 회장 강석진(姜錫鎭, 1907-1984)이 좌천동에서 동명(東明)제재소를 설립했으며, 국제그룹 회장 양정모(梁正模, 1921-2009)는 범일동에서 정미소를 운영하던 아버지 일을 도우면서 사업을 배웠다. 이처럼 자성대 주변 범일동과 좌천동은 호국과 애국정신이 충만한 터였다.

자성대공원 주변에는 유서 깊은 시장도 많다. 조선시대에 개설되었던 부산장의 명맥을 이은 부산진시장과 바로 옆에 부산진 남문시장(南門市場)이 붙어있고 이들 시장 주변에는 한복거리, 미싱거리가 있다. 부산진시장 가까이에는 부산가구점의 발상지인 좌천동 가구거리가, 조금 떨어진 곳엔 평화시장과 자유시장이 있고, 옛 조방 인근에는 조방낙지골목과 조방돼지국밥골목이 유명하다.

부산동구청은 2019년 9월부터 약 4개월간 동구 범일2동 자성대 일원에 대해 '도시재생 뉴딜사업 연계 자성대와 부산의 유래 연구 스토리텔링 북 제작 용역'을 실시했다. 자성대의 부산 기원설과 동구 내 역사와의 연계성을 발굴하여 인문문화자산을 활용한 스토리텔링을 통해 역사문화콘텐츠, 관광, 교육 등 다방면의 활용 방안을 모색하고자 한 것이다. 이 연구에 필자를 비롯해 박창희 스토리랩 수작 대표, 성현무 고신대 광고홍보학과 교수, 이준호 디자인디 대표가 참여해 2020년 초 스토리텔링 북을 제작한 바 있다.

　이제 이러한 자성대(부산진성)의 역사와 주변 자산 연구 결과를 바탕으로 부산진성의 이야기를 이렇게 한 번 풀어내보기를 제안한다.

　첫째, 자성대의 이름을 부산진성으로 바꿔 불러야 한다. 부산진성은 부산진지성(支城), 부산성(釜山城), 자성대(子城臺), 환산성(丸山城), 소서성(小西城) 등 다양하게 불려왔다. 왜군들이 자성대 왜성을 자성(子城)이라 부르며 사용한 기간은 7년에 불과하고, 조선 후기에 부산진성이 존속한 기간은 무려 400년이다. 그렇다면 응당 자성대란 이름 대신 부산진성 또는 부산성으로 불러야 옳다. 부산진성의 역사를 바로잡는 일은 곧 부산의 정체성을 바로 세우는 문제다. 부산동구청이 지역 학자, 시민과 더불어 향후 '부산진성 역사 되찾기'에 적극 나설 필요가 있다.

　둘째, 부산진성(자성대)을 중심으로 한·중·일 호국평화테마파크를 만들어보자. 자성대와 관련된 정발 장군, 왜장 고니시, 명나라 장수 만세덕·천만리의 스토리를 바탕으로 자성대공원을 '한·중·일 호국평화공원 부산진성'으로 만들어보자. 우선 역사인물의 스토리를 공원 안팎에 심자. 청년기획단을 조직해 청년들의 참신한 아이디어를 통해 공감하고 참여할 수 있는 역사체험 및 교육의 장으로서 역사인물축제를 기획해보자. 향후에 한·중·일 시민들이 동아시아의 미래평화를 이야기하는 장으로서 '한·중·일 평화포럼'을 만들거나 '한·중·일 역사투어' 프로그램을 만들었으면 한다.

　셋째, 자성대공원을 중심으로 역사문화산업박람회를 열어보자. 자성대의 역사문화콘텐츠와 일대의 다양한 상권을 연계한 새로운 개념의 도심형 역사문화산업박람회를 개최하여 동구의 새로운 성장 동력을 마련해보면 어떨까? 벡스코가 아니라 도심의 시설과 거리 자체가 박람회의 공간이 되도록 하는 것이다. 자성대공원은 물론, 진시장, 남문시장, 한복거리, 미싱거리, 돼지국밥골목, 더 나아가 귀금속타운, 이바구길까지도 박람회장으로 확장할 수 있을 것이다. 부산국제영화제조직위와 협의해 매년 10월 부산국제영화제 기간 중 이 행사를 개최하면 좋겠다. AR(증강현실) 콘텐츠를 개발해 방문객이 전용 앱을 다운받아 박람회장 곳곳을 누빌 수 있도록 해보자. 이 기간에 한복주간을 연계해 개최할 수 있고, 별도로 '자성대 재봉틀(소잉머신) 페스티벌'을 기획해보는 것도 좋을 것이다.

넷째, '부산진성 스토리 북 및 지도'를 제작하고 이 일대의 역사투어를 실시하자. 부산진성이 갖는 역사적 문화적 중요성과 전략 요충지적 성격을 고려하여 자성대공원을 중심으로 도로 탐방코스를 만들어보자. 코스는 가령 자성대 내 둘레길과 옛 부산진성 성곽(성문) 역사탐방, 부산포 개항 흔적길, 그리고 자성대~부산항 부두길 등 4~5개 루트가 가능할 것이다. 이러한 콘텐츠를 다큐멘터리로 제작해 국내외에 홍보하는 것도 좋겠다.

자성대, 즉 부산진성은 부산의 역사지층으로 그야말로 부산의 오래된 미래이자 부산 역사의 중심이다. 부산진성의 역사를 풀어가면서 부산의 정체성을 새롭게 하고, 부산의 브랜드를 세계화하는 지혜를 발휘해야 할 때이다.

제 3부

시민과 함께
도시브랜드
만들기

새해 '양성평등도시 부산'을 꿈꾼다

　새해가 되면 도시도 새해를 맞는다. 도시의 비전은 누가 만드는가? 시민의 절반은 여자, 절반은 남자이다. 부산시민의 올해 소망은 무엇일까? 올 한해 부산은 어떤 도시를 꿈꾸어야 할까?

　도시는 평등해야 한다. 남녀노소는 물론 사회적 약자를 포함해 모든 시민에게 평등한 도시가 요구된다. 그 중의 기본은 양성평등이다. 정부와 여러 지자체는 새해에 맞춰 양성평등정책을 내놨다. 종래 여성친화도시 정책이 이제는 양성평등도시 정책으로 확산하고 있다. 그런데 부산시의 양성평등도시 정책은 무엇일까? 강한 인상을 주는 정책은 보이지 않고, 구체적인 내용도 많이 부족한 느낌이 든다.

　예전에 인기 코미디 프로그램인 개그콘서트에 여당당 김영희 대표가 등장해 주먹을 불끈 쥐며 "여자가 당당해야 나라가 산다"고 외치던 추억의 개그가 생각난다. 이를 도시에 대입하면 "여성이 당당해야 도시가 산다"가 되지 싶다. 옳은 말이다.

그동안 우리나라는 여성가족부 주도로 여성친화도시(Women Friendly City), 즉 '여성이 살기 좋은 도시 만들기'를 추진해왔지만 아직도 갈 길은 멀어 보인다. 정치·경제·사회·문화의 모든 영역에서 양성평등 이념을 실현하기 위한 법으로 1995년 제정된 여성발전기본법을 2014년 발전적으로 전면 개정한 것이 양성평등기본법이다. 양성평등기본법 제39조는 여성친화도시를 이렇게 정의하고 있다. 여성친화도시란 지역정책에 여성과 남성이 평등하게 참여하고 여성의 역량강화, 돌봄 및 안전이 구현되도록 정책을 운영하는 지역을 의미한다. 여성친화도시에서의 '여성'은 사회적 약자(아동, 청소년, 장애인, 노인 등)를 대변하는 상징적인 의미이다.

여성친화도시는 매년 지자체의 신청을 받아 여성가족부가 심사를 거쳐 지정하며, 2018년 기준으로 전국 86개의 지역이 여성친화도시로 지정돼 있다. 부산의 경우 2011년 사상구 2012년 연제구, 2013년 중구·남구, 2014년 북구·금정구·영도구, 2015년 사하구·수영·부산진구, 2016년 동구 등 모두 11개구이다.

정부는 2018년 연말에 2019년 양성평등정책 추진대책을 내놓았다. 주요 부처의 성평등 정책 기능을 활성화하기로 하고 고용, 교육 등 분야별로 성차별·성희롱을 금지하고, 차별행위가 발생하면 실질적 구제가 이뤄질 수 있도록 법률 제정을 추진한다는 계획이다. 고용노동부는 고용상 성차별 금지조항을 모든 사업장에 적용하기로 했다. 여성가족부는 민간기업이 '고위관리직 여성비율 목표제'를 도입하도록 개별 기업과 협약을 맺고, 500대 기업 여성임원 현황을 공개할 예정이다. 공공부문 여성대표성 제고를 위한 방안으로는 모든 기관의 여성 고위공무원단 1인 이상 임용을 추진하고, 지방공기업 여성관리자 목표제를 전 기관으로 확대한다.

가정폭력에 대한 대응을 강화하기 위해 가정폭력처벌법 개정을 추진하고, 법무부, 여가부, 경찰청, 방송통신심의위원회 공동으로 몸캠 등 디지털 성범죄 피해자 영상 삭제를 지원한다. 여가부는 20~30대 청년들이 성평등 문화를 만들고 정책을 제안하는 청년 참여 플랫폼 사업도 추진한다(머니투데이, 2018.12.30).

경남도도 2018년 연말에 '성평등 사회로 가는 새로운 경남'을 모토로 양성평등 5개년 계획을 발표했다. 남녀평등 실질 지원, 일자리 다양화와 기회 제공, 일과 생활의 조화, 여성 안전과 건강 증진을 4대 목표로 정해 6대 정책영역별 80개 세부 과제를 담았다. 도는 과제 추진을 위해 2022년까지 3165억 원을 투입한다. 남녀평등 실질 지원 정책으로는 양성평등의식 함양을 위해 경남도교육청과 협의해 도민에 생애주기별 성평등 교육을 한다.

남성의 가사·육아 분담 문화도 확산한다. 사회적 경제를 도입한 여성 일자리 활성화, 청년 여성 취업콘서트, 온라인 여성 일자리 창업 플랫폼 마련, 일자리사업 성별 영향평가 강화 등을 추진해 여성 일자리를 다양화한다. 일과 생활의 조화를 위해 온종일 돌봄체계를 구축하고 성희롱·성폭력이나 데이트폭력 등에 따른 여성피해를 막고 여성 안전을 증진하기 위해 '위드유 지킴이단' 운영, 안심 골목길 조성, 취약계층 청소년 위생용품 지원, 여성장애인 의료서비스 강화 등에 나선다. 5급 이상 여성 공무원과 주요 공공기관 여성 관리자 확대, 각종 위원회 여성위원 참여율 40% 달성 등으로 여성 대표성을 끌어올려 여성 사회 참여를 활성화한다. 도는 양성평등 계획이 체계적으로 되도록 여성 정책(성평등) 연구 전문기관을 설립하고, 2015년 폐지된 양성평등 기금을 복원, 재추진할 계획이다(연합뉴스, 2018.12.30).

반면 부산시의 경우 종합적인 양성평등 선언이나 구체적인 정책 발표가 보이지 않는다. 부산일보(2017.11.20)의 「부산시, 쌓아둔 출산장려기금 매년 100억 푼다」는 1년 전 기사가 눈에 띈다. 부산시가 2018년을 '인구절벽'을 막을 골든타임이라고 보고 적립한 출산장려기금 824억 원 중 2018년에 총 123억 원의 예산을 편성해 사업을 벌이기로 했다는 것이다. 기금에서 편성한 사업은 3가지로 '아주라' 새싹축하금(28억 원), 출산지원금(72억 원), 출산용품 지원 대상자 확대(23억 원)가 해당된다. 새싹 축하금은 초등학교에 입학하는 둘째 이후 자녀에게 20만 원을 지급하는 것이다. 전국에서 최초로 도입되는 것이라고 하지만 너무 출산장려에만 집중돼 있어 아쉬운 생각이 많이 든다.

그러면 양성평등도시의 기본이 되는 '여성이 살기 좋은 도시'란 어떤 도시일까. 아직 학문적으로 정립되어 있지 않고 전문가들 사이에도 합의된 의견은 없다. 국토연구원 김선희 박사가 2006년 11월 광주 지역혁신박람회에서 발표한 「여성이 살기 좋은 도시」 발제문을 참고할 만하다. 김 박사는 여성이 살기 좋은 도시는 '여성이 선택하는 도시, 여성에게 선택받은 도시'라고 강조했다. 여성에게 선택받은 도시는 남성과 가족 모두에게 살기 좋은 도시, 경쟁력 있는 도시가 되기 때문이란 것이다.

이는 지난 20세기 단순소비자에 머물러 있던 여성이 21세기 들어 다양한 사회참여를 통해 생산자, 의사결정자로 부각되면서 주거지의 선택에 있어서도 여성을 중심으로 한 선택의 범위가 넓어지고 육아와 교육, 쇼핑, 문화·레포츠활동, 커뮤니티 및 봉사활동에 이르기까지 여성이 주도해야 하는 활동 영역이 넓어지고 있기 때문이라는 것이다. 그는 여성이 살기 좋은 도시가 되기 위해서는 기존 도시 및 지역개발의 패러다임이 새롭게 전환되어야 한다고 강조했다. 국부론에서 향부론으로, 정부주도의 하향식·일방향 접근에서

주민참여형·상향식으로, 양적 추구에서 질적 추구로, 물리적·토목적 개발에서 생활환경 중시의 커뮤니티 개발로 변화해야 하며 이를 통해 살기 좋은 도시를 재창조해가야 한다는 것이다.

여성이 살기 좋은 도시의 모델도시로 일본의 가케카와(掛川) 시와 미국의 어바인(Irvine) 시를 들 수 있다. 이들 도시는 페미니즘을 통한 도시 브랜드 높이기에도 나름 성공한 것으로 알려졌다.

먼저 일본 시즈오카 현의 가케카와 시를 살펴보자. 가케카와 시는 2008년 7월 현재 주민 11만5000여 명 가운데 남녀가 각각 5만7000여 명씩으로 거의 같았다. 주민도 시 직원도 절반이 여성이고 유치원·탁아소·초등학교의 교사나 시립병원 직원도 여성이 반수를 차지하고 있었다. 이는 신무라 준이치(榛村純一, 1934-2018) 전 시장이 이뤄놓은 것이다. 일본 최초로 평생학습도시와 '슬로 라이프'를 주창한 신무라 시장은 지난 1977년부터 2005년까지 모두 7차례에 걸쳐 28년간 가케카와시장을 역임한 전설적인 인물이다.

그는 1979년 '주민 주체의 도시 건설'을 표방하며 '평생학습 도시선언'을 하고 10개년 계획을 수립해 추진했다. 이를 통해 여성의 능력이 개발되고, 여성이 밝고 건강하게 생활하면 가케카와 시의 분위기가 보다 명랑해질 것이며, 건강도 복지도 한 차원 높아질 것이라고 생각했다고 한다. 그래서 신무라 시장은 가케카와 시를 페미니즘의 시정이 되어야 한다고 생각해 페미니즘의 시정을 실천하는 수단으로서 선거관리위원을 남녀 동수로 임명하는 것을 비롯하여 각종 위원회에 여성위원의 비율을 높여나갔다.

이 가운데 주목할 만한 것이 여성의회 제도의 도입이다. 1981년에 부인의회(婦人議會)를 발족시켜 많은 역할을 해오던 것을 1990년 여성의회로 발전시켰다. 가케카와 시의 현재와 미래를 여성의 입장에서 생각하며, 모의 시의회를 통해서 지역의 문제를 여성의 입장에서 제안하고, 이를 시정에 반영시키는 기능을 했다. 여성의회는 임기 1년인 27명의 여성으로 구성되며, 본회의와 전원 협의회를 각각 1년에 한 차례씩 개최했다. 여성의회 의장이 지방의회의 의장처럼 회의를 진행하고, 시장을 비롯한 시청 간부가 회의에 출석해 질의에 답변하도록 했다. 더욱이 여성의회 본회의와 전원 협의회에는 시의회 의장도 공식적으로 참여하며, 많은 지방의원들이 자발적으로 방청했다고 한다. 가케가와 시는 지역 복지관 같은 곳에 남성을 위한 육아강좌 등을 개설해 남성이 가사와 육아에 직접 참여하도록 교육시스템도 만들었다.

 미국 캘리포니아주 어바인 시는 2000년대 들어 미국 내 200개 도시를 상대로 매년 실시하고 있는 '여성의 삶의 질' 조사에서 2년 연속 '가장 살기 좋은 도시'로 선정된 도시로 알려졌다. 어바인이 '여성이 살기 좋은 도시'로 선정된 이유는 '전문직이건 사업가건, 혹은 전업주부건 간에 여성이 자기가 원하는 일을 할 수 있는 곳이기 때문'이다. 맞벌이 부부가 많은 도시답게 탁아시설은 필수적이고 인근 도시 가운데 유일하게 시청 내에 자녀 양육부서를 설치해 교육프로그램을 안내하고, 시립·사립 탁아소가 100여 곳, 개인이 운영하는 놀이방 170여 개, 공원이 80곳에 이른다. 2010년 이후 6년간 미 연방수사국(FBI)이 어바인을 '미국에서 가장 안전한 도시'로 선정했고, 미국 내 주요 잡지인 《페어런츠 매거진(Parents Magazine)》이 '아이 키우기에 가장 안전한 곳'으로 어바인을 선정했다. 어바인 내 고교들의 성적지수는 미국 내 톱수준으로 UC어바인은 우수 주립대학 10위에 선정될 정도다.

 한편 여성이 살기 좋은 도시로 독일 하이델베르크시의 비아테 베베르(Beate Weber) 전 시장이 보여준 여성 리더십에서 좋은 사례를 찾을 수 있다. 베베르 전 시장은 1990년 시장으로 당선된 뒤 자동차 우선도시를 자전거천국으로 바꾸었다. 환경론자인 베베르 시장은 하이델베르크를 '대화의 도시'로 만들었다. 시는 경제계, 시민과 함께 교통문제 원탁회의로 해결책을 찾았다. 기후보호도 에너지원탁회의를 바탕으로 에너지절감계획을 만들었다. 특히 여성단체들의 「미래 워크숍」에서 인간에게 친한 하이델베르크구상을 내놓았다. 베베르시장은 지속가능한 개발을 위한 '환경예산(Eco Budget)' 시스템을 채택해 하이델베르크 시는 1993년에 비해 도심의 이산화탄소 배출을 30% 저감하고, 1986년에 비해 도심의 질소산화물(NOx)의 배출을 65% 줄이고, 1990년에 비해 생활쓰레기를 49% 줄이는 데 성공했다. 2006년 퇴임한 베베르 전 시장은 지금도 국제적인 환경리더로 활약하고 있다.

2014년 용접공 출신인 스웨덴의 스테판 뢰프벤 총리가 새 정부 출범 때 동수내각을 구성한 데 이어 2015년 취임한 캐나다의 쥐스탱 트뤼도 총리는 남녀 동수의 내각진을 발표해 화제를 모았다. 또한 독일, 스웨덴, 핀란드, 프랑스 등에서는 여성임원할당제를 적극 도입한다. 독일은 기업 감사 이사회에 여성을 30% 채워 넣은 여성할당제를 채택해 2016년부터 108개 대기업들이 이를 당장 실시해야 하고, 3500개의 중소기업들도 점진적으로 이 법률을 적용받게 됐다. 만일에 30% 비율을 채우지 못하면 그 자리를 공석으로 남긴다. 노르웨이의 경우 2003년 공기업 및 상장기업의 여성임원을 전체 임원의 40%로 할당한 여성임원할당제를 세계 최초로 도입했는데 이를 시행하지 않으면 해당 기업의 해산까지도 가능하도록 했다.

이제 눈을 부산시로 돌려보자. 부산시의 경우 '여성이 살기 좋은 도시' '양성평등도시'에 정책의 최우선 순위를 두어야 한다. 우선 남녀차별이 있는 모든 것을 연구하고, 이를 바탕으로 새롭게 도시를 디자인해야 할 것이다. 하드웨어 중심의 도시를 건설할 것이 아니라 여성의 섬세함을 살린 소프트웨어 구축에 관심을 가져야 한다. '여성을 위한' 것에만 그칠 것이 아니라 '여성에 의한' 것을 중시해야 한다. 그러기 위해서는 우선 일본의 가케카와 시와 같이 다양한 직능별 여성들의 의견을 수렴하기 위해 부산여성의회를 구성해서 이들의 목소리를 시의원의 목소리와 똑같이 듣는 그런 시도를 해보면 어떨까? 양성평등주간(7월 1~7일)에 이를 시도해보는 것도 좋을 것 같다.

좀 더 확대한다면 사회적 약자들의 의회로서 장애인, 청소년, 노인, 다문화가정 등의 얘기를 좀 더 체계적으로 경청할 시스템을 마련해야 한다. 부산시의회를 존중하면서도 1년에 일정 기간을 잡아 양성평등도시의 일환으로 장애인의회·청소년의회·노인의회·외국인의회 등을 남녀동수의 자문기구로 활용해 봄직하다. 부산시나 부산교육청의 정책 관련 각종 위원회에는 가능한 한 남녀동수의 원칙을 세우고 지켜나가는 것이 무엇보다 중요하다. 이러한 양성평등도시를 만드는 데 가장 필요한 기술은 경청이며, 이를 위해 시장은 '대화의 시장'이 되어야 한다. 이제 부산은 「자갈치아지맵니더」에 나오는 당당한 자갈치아지매의 목소리처럼 당당한 부산 여성의 목소리가 늘 부산시청에 메아리치는 도시가 되기를 기대해본다.

'부산이 살기 좋은 이유 101가지'를 만들어 국내외에 알리자

 부산은 살기 좋은 곳인가? 필자도 고등학교 때부터 살아오다보니 미운 정 고운 정이 다 든 도시가 부산이다. 그런데 정말 부산은 살기 좋은 곳일까? 부산은 매력적인 곳일까? 우리 부산사람 말고 우리나라 사람들에게 부산은 매력적인 곳일까? 부산은 꼭 찾고 싶은 도시일까? 외국인들에게 부산은 어떤 곳일까?
 부산이 세계적인 도시가 되기 위해선 부산다움의 매력을 찾아내고 그것을 먼저 부산시민이 공감하고, 그것을 국내외에 널리 알리는 일이 매우 중요하다.

 10여 년 전 미국의 창조도시를 둘러볼 기회가 있었는데 그때 피츠버그 시에서 그 지역 사람으로부터 「피츠버그가 살기 좋은 101가지 이유」라는 걸 만들어 시민에게 홍보한 적이 있다는 말을 들었다. 나중에 살펴봤더니 「피츠버그가 살기 좋은 10가지 이유」, 「피츠버그가 살기 좋은 57가지 이유」 등이 있었다. 세계의 유명한 도시는 도시마다 그 도시가 살기 좋고, 매력적인 이유를 10가지, 20가지, 심지어 100가지 넘게 드는 도시들이 적지 않았다.

그 중 대표적인 도시가 미국 뉴욕이다. 뉴욕을 대표하는 로고 「I ♥ NY」는 세계적으로 유명하지 않은가? 미국의 「아이 러브 뉴욕(I Love New York)」 로고는 참 간결하면서도 뉴욕의 매력을 한마디로 표현하고 있다. 「I ♥ NY」 로고는 1970년대부터 1980년까지에 미국 뉴욕 주가 전개한 관광캠페인의 일환으로 만들어졌다. 1977년 뉴욕시의 그래픽디자이너 밀턴 글레이저(Milton Glaser)가 제작한 것이다. 이때 테마송으로 스티브 카르멘(Steve Karmen)이 〈I Love New York〉을 작사 작곡해 뉴욕 주에 기증했고, 1980년 이 노래는 주 정부의 공식노래가 됐다.

그런데 그냥 '아이 러브 뉴욕'이 아니다. 뉴욕을 사랑하는 이유가 있다? 그게 100가지도 넘는다면? 미국엔 뉴욕뿐만 아니라 뉴햄프셔, 텍사스 같은 다른 도시도 이렇게 하는 곳이 많다. 우리나라는 그나마 서울이 나름 도시브랜드를 세계에 알린다. 「서울이 세계의 위대한 도시인 50가지 이유」가 2017년 7월 12일자로 CNN홈페이지(www.cnn.com/travel/article/50-reasons-why-seoul-worlds-greatest-city)에 소개됐다. 또한 「내가 아직도 서울을 사랑하는 7가지 이유」라는 칼럼이 인터넷에 떴는데 2006년부터 2008년까지 6개월간 서울에서 산 외국인이 쓴 글이다. 그가 꼽은 대표적인 이유 중 하나가 경복궁이 있기 때문이라고 한다. '서울을 떠나지 못하는 24가지 이유'도 있고 '서울에 살아야 할 10가지 이유'라는 글도 인터넷에 떠돈다. 모두 영어로 소개된 글이다.

그런데 부산에 관한 이런 유의 글로 국제적으로 소개된 것으로는 「부산을 사랑하는 10가지 이유」(2018. 2. 18, https://korea.stripes.com/travel/10-reasons-love-busan)가 유일한 것 같다. 2009년에 생긴 부산을 소개하는 영한 온라인 매거진 《햅스매거진 코리아(Haps Magazine Korea)》에 올라 있다. HAPS가 제시하는 부산의 매력 10가지는 다음과 같다.

1) 혼란-부산은 혼잡하고 다이내믹한 도시로서 매력이 있다.
2) 해변들-7개 해변이 멋지다.
3) 모든 곳에 산들이 있다-대중교통으로 쉽게 접근할 수 있는 하이킹 코스가 많다.
4) 옛것과 새로운 것을 혼합한 것-오래된 전통시장, 오래된 마을 또는 사찰 등 도시의 역사를 느낄 수 있다.
5) 맛있는 음식-부산음식은 매운 맛이 있다.
6) BIFF-매년 10월 아시아의 대표 국제영화제인 부산국제영화제 티켓을 싸게 사 볼 수 있다.
7) 쇼핑-고급백화점에서부터 1000원짜리 상품까지 있는 진시장, 사상, 가야, 깡통시장 등 모두 매력적이다.
8) 잠 못드는 도시-바, 클럽 또는 해변 어디든지 파티하기에 좋다. 음식배달도 잘 된다.
9) 훌륭한 대중교통시스템-도시를 싼 비용으로 쉽게 돌아다닐 수 있다. 택시가 다소 난폭하지만 그래도 안전하다.
10) 시원하고 무료로 제공되는 게 많다-박물관, 10월 불꽃축제 등 무료로 볼 수 있는 게 많다.

보너스로
11) 날씨-겨울철은 따뜻하고 여름철은 상대적으로 시원하다. 봄 가을은 완벽하다.

그러면 「뉴욕을 사랑하는 101가지 이유」는 어떻게 나왔을까? 이것은 1976년 뉴욕타임스의 기획기사에서 비롯됐다. 1970년대 중반 뉴욕은 파산 직전까지 이르렀다. 언론에 비치는 뉴욕의 이미지는 폭력적이고 비좁고 더러운 지옥의 모습이었다. 반면에 그것은 예술가, 음악가, 코미디언들의 창조적 메카였다. 소호(SOHO)에서 예술가들은 값싼 다락방을 살 수 있었고, 도시의 긴장감은 곧 놀라울 정도로 광범위하고 다문화적인 랩, 펑크, 아방가르드 예술, 살사, 디스코, 그래피티 등 창조적 용광로가 분출되고 있었던 것이다. 칼럼니스트 글렌 콜린스(Glenn Collins)가 「뉴욕을 사랑하는 101가지 이유」를 게재했다. '101가지 이유'의 제목만이라도 한번 훑어보자.

1) 스카이라인

2) I ♥ NY 로고

3) 도처에 역사적 유물

4) 걷기가 좋다.

5) 루즈벨트아일랜드 트램웨이

6) 도시의 야생동물들

7) 24시간 모든 것이 가능

8) 아트데코빌딩

9) 해변

10) 도시의 스카이라인

11) 선셋파크의 일몰

12) 그랜드센트럴터미널의 천장

13) 도심 소공원들

14) 안소라 커피 잔

15) 유명인사도 무시

16) 센트럴파크

17) 24시간 운영 지하철

18) 지하철에 대한 불평

19) 지하철 스누피

20) 사람 구경

21) 매시헤럴드스퀘어의 목조 에스컬레이터

22) 맨해튼 헨지

23) 수많은 언어들

24) 매우 싸고 풍부한 음식

25) 차이나타운

26) 힙합 발상지

27) 주엽나무 가로수

28) 덴더사원

29) 낯선 사람들에게 베푸는 친절

30) 지하철 플랫폼 자리 알기 쉽게 표시

31) 원더휠에서의 전경

32) 스태튼아일랜드 페리

33) 괴짜가 많은 도시

34) 타임스스퀘어 빌보드

35) 보데가 캐츠 레스토랑

36) 빅토리아 플랫부시거리

37) 로즈메인 독서실

38) 모모후쿠 누들바의 라면

39) 팻 키에르넌 NY1 모닝뉴스 앵커

40) 양키스팀의 구령

41) 도시 자체가 용광로

42) 실반테라스 조약돌거리

43) 크리스머스 시즌

44) 센트럴파크 가로등에 숨겨진 비밀

45) 지하철노선에 숨겨진 보석 디자인

46) 로커웨이 해변의 서퍼들

47) 라디오시티 뮤직홀의 욕실

48) 미스터소프티의 CM송

49) NYC페리에서 상징 건물 조망

50) 리틀인디언 거리

51) 모더니스트 빌딩들

52) 지하철 타는 법을 마스터했을 때의 느낌

53) 누요리컨 시인 카페

54) 가로수들

55) 가로수에 봄꽃들이 필 때

56) 코니아일랜드의 네이선스 핫도그

57) 메트로 북부 교외선 타고 허드슨강 조망

58) 지하철 내 댄스 공연

59) 공원에서 셰익스피어 무료 공연

60) 스트리트 아트

61) 최고의 예술 영감 도시

62) 아프리카계 미국인 역사담은 위크스빌 헤리티지센터

63) 메트로카드

64) 브루클린 브라운스톤즈

65) 일몰 때 야외 영화 감상

66) 혼돈 속에서의 자연 발견

67) '사라지는 뉴욕(Vanishing New York)'의 저자 예레미아 모스

68) 주거건축의 다양성

69) 브루클린 다리 건너기

70) 시티아일랜드 마을

71) 세계박람회장 유물

72) 조약돌 거리

73) 예기치 않은 곳에 있는 박물관들

74) 코미디클럽

75) 아주 오래된 학교 식당에서의 식사

76) 화재 대피처

77) 그린우드 묘지

78) 지하철 타고 해변 가기

79) 구스타비노 타일

80) 지하철이 지하미술관

81) 행사 퍼레이드

82) 녹지공간을 넘어선 예술공원

83) 살아있는 독립영화

84) 이민의 역사관 테너먼트뮤지엄

85) 맑은 수돗물

86) 하이라인

87) 애견 공원

88) 오래된 센트럴파크 서쪽 아파트단지

89) 포만더워크 조합아파트단지

90) 덤보갤러리 거리

91) 가워너스 운하

92) 링컨센터

93) 첼시마켓

94) 프로스펙트 파크 골짜기 풍광

95) 리틀이탈리아 거리

96) 국가역사지구 지정 거버너스 아일랜드

97) 브로드웨이

98) 모든 데 강한 의견을 드러내는 뉴욕사람들의 성격

99) 〈랩소디 인 블루〉 첫 소절만 들어도 가슴 뭉클함

100) 존 스타인벡이 말했듯이 한 번 뉴욕에 살았고, 고향이 됐다면 다른 어떤 곳에서도 만족할 수 없다는 말

101) 뉴욕에서 해본 일은 다른 어떤 곳에 가도 해낼 수 있다.

이 같은 '101가지 이유'는 미국의 다른 도시로 전파되고 있다. 「뉴햄프셔로 이사 가야 할 101가지 이유」(2014.11.19)는 뉴햄프셔 주의 공식홍보물이다. 뉴햄프셔 주는 2000년대 들어서면서 'FSP(Free State Project; 자유로운 주(州) 프로젝트)'를 시작했다. "2만 명의 자유주의적 활동가가 뉴햄프셔로 온다면 우리시대의 자유를 충분히 구가할 수 있다"며 호소한 결과 2003년 1만6000명이 이사하겠다는 의사를 밝혔고 그중 1674명이 뉴햄프셔에 와서 작품활동을 하고 있다는 것이다. 뉴햄프셔 주의 다큐멘터리 작품이기도 한데 그 내용

의 일부는 다음과 같다.

1) 소비세가 없다

2) 소득세가 없다

9) 주의원 연봉이 100달러

12) 보수적인 예산(11% 감축)

13) 자유분방한 공무원들

14) 혁명할 시민의 권리 인정

32) 자유언론수도

34) 성인은 안전벨트 착용 의무 없음

36) 종교적 관용성

37) 동성자 결혼 합법

45) 마리화나 합법

47) 빈곤율 최저

48) 세금 부담 최저

49) 최고의 가처분소득(1인당 34,208 달러)

50) 최고의 가구소득(2013년 71,322 달러)

52) 비트코인의 메카

55) 소기업 친화도시

57) 낮은 실업률

63) 저렴한 생활비

64) 집 구하기 쉬운 도시

67) 탁월한 도시 경관

69) 연중 재미있는 아웃도어 활동

71) 자연재해가 적은 도시

72) 사계절이 아름다운 도시

73) 사냥과 낚시 천국

75) 하이킹 천국

76) 풍부한 수자원

79) 삶의 질 1위 도시 등극

81) 안전한 도로

83) 미국 2위의 헬스케어

89) 홈스쿨링 자유

90) 폭넓은 고등교육

92) 폭넓은 대안교육

93) 평균시험성적 미국 1위 학생들

94) 아동복지 1위 도시

96) NPO천국

99) 뉴햄프셔에 오는 순간 새로운 역사가 된다.

100) 활동적이고 자유로운 사회생활 보장

101) 언제든지 환영. 언제든지 도와줄 준비가 돼 있는 도시

놀라운 것은 이러한 이유에 대해 하나하나마다 정확한 근거와 자료를 제시하고 있다는 점이다.

텍사스주는 「텍사스에 적어도 한번은 살아봐야 할 101가지 이유」(2014년 3월 7일)를 홍보하고 있다. 그 중 대표적인 이유를 보면 다음과 같다.

1) 케이소(Queso) 치즈

2) 블루벨 아이스크림

22) 티토스 보드카

28) 청바지, 부츠면 어떤 행사에든 오케이

31) 오스틴의 라이브뮤직

34) 남부사람의 호의

36) 남자는 진짜 신사

39) 풋볼게임의 천둥 같은 응원소리

44) 주정부 소득세 없음

45) NASA!

55) 어디 가든 미소로 응대

57) NBA 3강 팀

59) 장발

70) 가드너스테이트파크의 여름밤 댄스

76) 별밤이 아름다운 도시

84) 프리오강가의 청량함

85) 역사적 프레드릭스버그의 주말 엔티크 쇼핑

88) 최고의 텍사스주 박람회

95) 진짜 컨트리뮤직

97) 빅벤드국립공원에서의 평화로운 캠핑

100) 최고의 자부심을 가진 주에서 살기

101) 모든 게 텍사스에선 더 크고 더 좋아진다는 것!

이제 우리 부산도 '101가지 이유'를 한번 만들어보면 어떨까? 「다이내믹 부산(Dynamic Busan)」을 외치는 부산의 매력은 무엇일까? '부산이 다이내믹한 이유 101가지', '부산이 살기 좋은 이유 101가지', '부산을 못 떠나는 이유 101가지', '부산에 살러 와야 할 이유 101가지'를 만들어보자. 나아가 '부산을 떠나고 싶은 이유 10가지'도 만들어보는 것도 좋겠다. 이렇게 하기 위해서 어떤 노력이나 접근방식이 필요할까?

첫째, 부산의 매력에 대해 많은 부산시민이 다양하게 표현을 하고, 이를 정리해 발표하는 마인드와 이를 펼칠 수 있는 장을 마련해야 한다. 시민이 개인적으로 생각하는 부산의 매력, 부산자랑을 말이나 글이나 그림, 사진, 영상 등으로 과거, 현재, 미래의 시점에서 다양하게 만들어내고 기록하는 일이 중요하다.

둘째, 이를 체계적으로 하기 위해서는 교육청이나 지역 언론이 좀 더 적극적으로 부산매력 찾기에 나섰으면 한다. 교육청에서는 현재 발행하고 있는 '지역알기' 교재를 좀 더 심화해서 '부산이 살기 좋은 101가지 이유'를 발굴해 반영할 수 있으면 좋겠다. 그리고 지역 언론사나 인터넷언론사에서 뉴욕타임스와 같이 이러한 '부산이 살기 좋은 101가지 이유' 찾기 시리즈를 한번 해보면 어떨까?

셋째, 시민단체가 좀 더 적극적으로 나서면 좋겠다. 부산지역의 300여 개 시민단체가 모인 협의체인 내사랑부산운동추진협의회(회장 김윤환)가 2019년 창립 20주년을 맞았다. 내사랑부산협의회는 2018년 10월 부산시민의 날 행사에서 '내사랑부산퀴즈 골든벨' 행사를 가졌다. 부산의 역사, 문화, 경제, 사회 전반의 간단한 지식을 알아보는 시민퀴즈 이벤트를 펼친 것이다. 이 협의회 기획위원으로 참여한 필자가 제안, 부산시와 함께 「2018 내사랑부산박사 퀴즈문제집」을 만들기도 했다. 앞으로 이러한 퀴즈문제집을 좀 더 보완해 부산학퀴즈백과 같은 것을 만들면 좋을 것이다.

지금보다 민관거버넌스를 강화해 부산시민공원이나 해운대 벡스코 같은 곳에서 매월 한 번 부산퀴즈 골든벨을 상설화해보자. OX문제를 비롯해 재미있는 지역문제를 내고 이를 맞히면 지역 호텔 숙박권이나 영화의 전당 티켓 등 다양한 형태의 부산상품을 선물로 내놓는다면 부산을 찾는 사람들이 이러한 경험을 하게 하는 것은 매우 좋은 일 아닐까? 부산을 찾는 사람들이 KTX를 타고 오면서 '부산학퀴즈백과'를 펼쳐보는 모습을 상상해보자.

넷째, 이제부터는 부산시가 좀 더 체계적으로 나서면 좋겠다. 우선 최근에 이름이 바뀐 부산연구원의 부산학연구센터가 시 예산을 확보하고, 신라대의 부산학연구센터를 비롯한 다양한 민간연구소와 함께 시민학문으로서의 부산학 연구를 심도 있으면서 재미있게 해나가야 한다. 단순한 역사, 경제, 문화가 아니라 이를 생활 속으로 녹아들게 하고 전체적으로 부산사랑, 부산브랜드로 연결시켜야 한다. 학문적으로 부산의 매력을 발굴해야 한다.

다섯째, '부산발견' 활동 자체를 관광상품으로 만드는 노력도 따라야 한다. 부산시민뿐만 아니라 부산을 찾는 국내외 관광객, 이방인의 눈으로 부산을 보는 것도 중요하다. 이를 위해 부산시청 홈페이지나 부산시관광협회 홈페이지 또는 시·구청과 관광지에 카드 등을 비치해 '부산이 살기 좋은 10가지 이유', '부산을 찾게 된 10가지 이유', '부산의 멋진 장소 10곳' 등 다양한 형태의 부산에 대한 정보를 만들어내고 정리하는 것도 빼놓을 수 없다.

이러한 사례를 광안리해변에 있는 작은 선물가게인 '오렌지바다(대표 남소연, 051-758-5308)'에서 찾을 수 있다. 수영구 마을기업으로 시작한 오렌지바다에서는 2000원짜리 백지카드를 사서 그 자리에서 자기만의 카드를 만들 수 있다. 그러면 오렌지바다가 그것을 상업카드로 만들어 판매하고 그림을 그린 관광객에게도 수입의 일부를 돌려준다. 이런 방식의 소통과 재미가 중요하다. 이제부터 우리 부산 곳곳에서 이러한 부산의 매력을 발견하고, 그것을 모으고, 이미지화, 브랜드화하자.

여섯째, 이를 위해서 우선 SNS나 지역 언론에 부산자랑, 부산매력, 부산사랑에 대한 의견이 많이 나오게 하고 이걸 국내외에 널리 발신하는 일이 중요하다. 그리고 이러한 내용이 많이 쌓이면 민관거버넌스를 통해 부산시 공인의 '부산이 살기 좋은 101가지 이유'를 도출해 정보발신을 하는 것이다. 사실 부산에서는 1990년대에 「부산 어메니티 100경」을 선정한 적이 있다. 부산지역의 자연자원, 역사자원, 생활자원을 100가지의 풍경으로 모은 것으로 당시엔 매우 앞선 것이었다. 그러나 이러한 것도 시간이 지나면서 그냥 사라졌다.

부산다움, 다이내믹 부산을 늘 생각하고 이를 영어 일본어 중국어 독일어 불어 스페인어 러시아어 아랍어 등 전 세계에 온라인으로 '부산을 발신하는 일'은 매우 중요하다. 부산시청은 이런 면에서 진정한 부산관광청이 돼야 한다.

시민의 아이디어 살린
특색있는 전문도서관을 만들자

 부산지역의 공공도서관이 내년부터 대폭 늘어난다는 반가운 소식이 들린다. 부산시가 문체부 2020년 공공도서관 건립 지원사업에 신청한 5개관 모두가 타당성평가에서 '적정' 평가를 받아냈다고 한다. 5개관은 꿈+도서관, 사상구 주례열린도서관, 강서구 지사도서관, 연제구 부산만화도서관, 북구 디지털도서관(리모델링)이다. 이 가운데 '꿈+도서관'은 부산시청 1층 로비에 총 사업비 38억 원(국비지원액 11억 원), 연면적 1110.25㎡, 장서 3만 권 규모의 복합문화공간으로 내년 개관을 목표로 한다. 오는 7월경부터 시민의견 수렴 절차를 통해 꿈+도서관에 바라는 희망사항을 조사하고, 10월에는 도서관명 공모를 진행할 것이라고 한다(파이낸셜뉴스, 2019.3.17).

 부산시는 민선 7기 들어 '언제나 어디서나 책 읽는 도시 부산'을 만들기 위해 2025년까지 25개의 공공도서관 추가 구축을 목표로 하며 올해 공공도서관 리모델링 4개관(사상구·동구·남구·사하 도서관), 건립 3개관(광안·금샘·수영구 재건축)을 추진하고 그동안 매년 2개관 지원 수준에 그치던 작은도서관 조성사업도 정부의 생활SOC사업을 통해 올해는 9개관 지원 확정에다 16개관 추가 예정으로 부산의 도서관 인프라가 대폭 확충될 전망이다. 더욱이 올해는 서부권인 부산 북구 덕포동에 '부산도서관' 개관이 예정돼 있어 2020년은 '부산도서관의 해'가 될 것으로 보인다. 부산시는 2018년 초 부산도서관 개관 추진단을 조직해 시민과 전문가, 독서단체 등의 의견을 수렴, 도서관 운영에 필요한 세부 콘텐츠를 확보하고 프로그램 운영 방안을 마련할 계획이라고 밝히기도 했다(다이내믹부산, 2017.12.20.).

부산시교육청도 지난해 3월 16일 국회도서관과 지식정보 공유와 독서문화 확산을 위한 포괄적 업무협약을 체결했다. 양 기관은 앞으로 국회전자도서관의 원문 데이터베이스 등 자료 이용 확대, 독서문화 확산을 위한 교육·홍보 활동, 학교도서관 환경 개선 지원 등을 위해 서로 협력하기로 했다고 한다.

공공도서관은 그 도시의 문화를 보여주는 대표적인 문화시설의 하나로 많은 도서와 전자책, 정보매체, 디지털 자료 등을 수집·보관하고 일반인에게 열람시키는 시설이다. 그런데 아직도 우리사회는 도서관을 학생들이 공부하는 독서실로 인식하는 수준을 크게 벗어나지 못한다는 지적을 받는다.

우리나라의 공공도서관이나 학교도서관 그리고 작은도서관의 실태는 어떠할까? 국가도서관통계시스템(https://www.libsta.go.kr)에서 부산지역 도서관의 현황을 알 수 있다.

먼저 공공도서관은 2017년 현재 전국의 도서관수가 1042개(지자체운영 791개, 교육청운영 231개, 사립 20개)이다. 2013년 865개보다 약 20%인 177개가 늘었다. 이 중 부산은 2013년 31개에서 2017년 40개로 9개가 늘었다. 전국의 1관당 장서수는 2013년 9만7075권에서 2017년에는 10만734권으로 늘었다. 지역별 1관당 장서수는 부산시가 13만6645권으로 전국 광역지자체 중 가장 많다. 전국의 1관당 사서는 평균 4.3명인데 부산은 5.9명이다. 전국의 1관당 대출도서수는 2013년 15만1313권에서 2015년 13만769권, 2017년 12만1528권으로 점점 감소추세에 있다. 지역별로 보면 1관당 대출순위는 부산이 16만2584권으로, 이는 1위인 대구 16만7023권 2위 경기도 16만4121권이어 3위 수준으로 나쁘지 않다. 문제는 1관당 인구수가 전국이 2013년 5만9123명에서 2017년에는 4만9692명인데 부산의 경우 8만6766명으로 전국 평균보다 높아 인구수에 비해 도서관이 부족하다. 눈을 밖으로 돌려보면 국가별 1관당 인구수는 일본이 3만8902명, 미국이 3만4301명, 영국이 1만5465명, 독일이 1만1151명인데 이들 선진국에 비하면 국내 도서관 시설이 절반 수준에도 못 미친다.

  작은도서관의 경우를 보면 2013년 전국에 4686개이던 것이 2017년에는 6058개로 늘어났다. 부산은 378개이다. 1관당 장서 권수는 부산이 5606권으로 서울 7270권, 경남 7009권, 대구 6887권, 인천 6265권보다 적다. 1관당 대출도서 권수는 2013년 4215권에서 2017년 3231권으로 줄어들었다. 지역별 1관당 대출도서 권수는 부산은 2655권으로 서울 5292권, 울산 4151권, 대구 4121권에 못 미친다.

  대학도서관을 보면 전국적으로 2013년 457개에서 2017년 453개로 줄어들었다. 부산엔 26개가 있다. 1관당 장서 권수는 2013년 30만2633권에서 2017년에는 36만5630권이다. 이중 부산의 대학도서관은 관당 48만7525권으로 대체로 높은 편이다. 1관당 대출 권수는 2013년 3만9591권에서 2017년에는 3만5822권으로 낮아졌다. 부산은 4만3720권으로 전국 평균보다는 높다.

전국의 일선 학교도서관은 모두 1만1702개가 있다. 대체로 장서 권수는 1개 도서관당 최소 1000권에서 최대 6만~7만 권 정도이다.

이런 면에서 보면 우리 부산의 도서관 시설 운영은 타 시도에 비해 그리 나쁘지 않은 편이다. 우리 부산에서 가장 오래된 도서관은 1901년 사립 홍도회 독서구락부를 모체로 해서 발전한 부산광역시립시민도서관이다. 그 뒤 구덕도서관(1978년 개관), 반송도서관(1978), 해운대도서관(1982), 우동분관(2010), 부전도서관(1982), 서동도서관(1983), 구포도서관(1983), 부산점자도서관(1983), 남구분관(2003), 사하도서관(1984), 연산도서관(1987), 부산광역시립중앙도서관(1990년) 부산광역시립중앙도서관 수정분관(1976), 부산영어도서관(2009), 추리문학관(1992), 명장도서관(1994), 영도도서관(1996), 영도어린이영어도서관(2009), 금정도서관(1996), 남구도서관(1997), 강서도서관(1998), 동구도서관(1998), 해운대반여도서관(1999), 북구 디지털도서관(2002), 수영구도서관(2002), 수영구도서관 망미분관(2009), 이주홍문학관(2002), 기장도서관(2003), 사상도서관(2003), 빅뱅놀이체험도서관(2004), 맨발동무도서관(2005), 해운대구 재송어린이도서관(2006), 요산문학관도서관(2006), 느티나무도서관(2007), 화명도서관(2010), 다대도서관(2010) 등이 개관했다.

예전에 비해 도서관이 참 좋아진 것은 틀림없다. 그런데 공공도서관에 가 보면 정작 원하는 책들을 구하기에 어려움을 겪는 경우도 많다. 또한 사회적으로는 엄청난 도서자원들이 그냥 버려지고 있다. 최근 도서관 건립이 확충되면서 이제 중요한 것은 시설만이 아니라 시민의 의견을 묻고 함께 만들어가는 것이 중요하다. 그래서 나는 이런 몇 가지 제안을 해본다.

첫째, 앞으로 도서관은 일반책 콘텐츠는 디지털화해 전자도서관화하는 한편 보다 전문적인 서적을 세분화해 일반 시민이 쉽게 자료를 접할 수 있는 시스템을 만드는 것이 중요하다. 특히 대학교수 등 전문가집단의 귀중한 전문도서를 기증받아 별도로 보관하는 전문도서관을 지역별로 건립할 필요가 있다.

　최근에 선배 교수 분들이 은퇴를 하고 나서 자신들이 소장해온 책을 처리하는 데 어려움을 많이 겪었다는 말을 들었다. 역사학을 전공한 한 분은 무려 1만5000권이 되는 책 중 1만 권 정도를 폐기하다시피 했다는 것이다. 상당부분은 기기를 구입해 책을 스캔해 PDF로 저장 보관한 뒤 파지로 처리했다고 한다.

　신라대 김대래 교수(무역경제학부)는 오래된 일본서적과 부산향토자료 등 자료 730여 점을 부산교육청의 부산광역시립중앙도서관에 기증했다. 이 중 특히『막말명치 문화변천사(幕末明治 文化變遷史)』는 1931년 동양문화협회가 편찬한 책으로 일본 메이지시대의 문화변천사에 관한 내용을 담았다고 한다(베리타스알파, 2019.3.26).

　이와 같이 전문가들의 귀한 전문서적을 기증받을 수 있는 공공도서관의 시스템이 더욱 필요하다. 앞으로 일반적인 책들은 대부분 전자도서화함으로써 도서관의 공간이 줄어들 것이기에 희귀 전문도서의 경우는 부족한 장서를 늘릴 필요가 있을 것이다.

　이런 점에서 기존 기초지자체의 도서관에 전문도서자료실을 제대로 만들거나 아니면 별도의 지역별 전문도서관을 만들었으면 한다. 가령 해운대관광도서관, 수영민속도서관, 영도해양도서관, 기장기술도서관, 중구역사도서관 등 지역의 특성과 도서주제를 특화해서 부산의 공공도서관을 전국적으로 부각시키는 것도 고려할 만하다고 본다. 가령 해운대관광도서관이 국내외 관광과 관련된 전문서적을 충실히 보유하고 있는 것이 전국적으로 알려지면 이것이야말로 '책 읽는 도시 부산'을 홍보하는 것이자 '문화시민 부산'을 알리는 지름길이 아닐까.

물론 부산지역의 공공도서관은 나름 특성화자료도서관을 운영하기도 한다. 현재 26개의 주제를 23개의 공공도서관이 고문헌, 유아 및 어린이, 사학 및 역사, 논문, 어린이 영어, 건강, 다문화(번역), 관광 및 여행, 환경, 향토 자료, 금융정보, 취업, 해양·수산, 전자 자료, 농업, 레저 스포츠, 인문 및 고전, 전통문화, 어린이 그림책, 해양 수산, 농업 및 원예, 정보화, 청소년, 영어도서 등의 특성화자료도서관을 운영하고 있으나 이를 좀 더 실질적으로 확대하고 규모를 키울 필요가 있다는 말이다.

아울러 앞으로 늘어날 폐교 활용방안 중 하나로 '휴먼라이브러리'를 만들어 보자. 시민 추천을 받아 폐교의 교실마다 지역 명사의 방을 만들어 그분들이 갖고 있는 도서를 보관하고 시간을 정해 시민과 만나는 '살아있는 사람 도서관'을 만드는 것도 좋을 것이다. 그러한 교실을 기반으로 '인문학의 메카' '과학의 전당'으로 만드는 일도 가능할 것이다.

둘째, 범시민 차원에서 좋은 책을 모으거나 새책을 기증하는 시민운동을 재미있게 펼쳐보자. 나는 1990년대 초에 기자생활을 했는데 그때 남구도서관 건물을 짓는 데만 비용확보 문제로 7,8년이 족히 걸렸으나 개관 이후 정작 도서구입비가 턱없이 부족했다는 내용의 기사를 쓴 적이 있다. 이런 점에서 일본의 도서관운동을 벤치마킹할 필요가 있다.

대표적인 사례가 일본 센다이(仙台) 도서관 증설운동이다. 1982년 '새로운 도후쿠(東北)의 도서관을 생각하는 모임'이란 시민단체가 센다이시장에게 공립도서관에 대한 공개 질문을 내면서 활동을 개시했다. 당시 66만 명 인구의 센다이 시에 공공도서관은 센다이시민도서관 한 곳뿐이었다. 당시 일본도 도서관은 학생들 공부 장소로 한 도시에 큰 도서관 하나면 충분하다고 생각하던 시절이었다. 이 모임은 '새로운 도서관은 어떤 것이어야 하는가?'라는 주제로 수차례 공부모임을 갖고, 3개 분과모임으로 나눠 행정이나 시장후보에 대한 공개질문이나 요망사항을 작성하거나 선진도서관 견학 계획, 도서관 구상, 회보 및 강연회 소식지 등을 발행했다.

그리하여 1983년 두 번째 공공도서관 개관을 이끌어냈다. 1984년에는 '도서관 건설을 요구하는 진정서' 서명운동을 전개해 1만8000여 명의 서명을 받아 당선된 시장에게 제출했고, 또한 『생활 속의 도서관 만들기 구상』이란 책자를 펴냈다. 그 결과 1988년 처음으로 센다이도서관정비기본계획이 공표됐다. 1989년에는 『꿈이 가득한 우리들의 도서관 만들기』라는 책자를 펴냈다. 센다이 시는 1999년 1구 1관의 5지구관, 분관 5곳, 13분실을 만드는 계획을 추진했다. 2018년 현재 유명한 센다이시민도서관(센다이미디어테크)을 비롯해 당초 목표를 넘어 7개의 지구관을 갖고 있다. 센다이 시의 경우 1관당 평균 도서대출수가 59만833권으로 우리 부산시(16만2584권)의 약 3.6배에 이르고 있다.

아오모리 현 도와다(十和田) 시(인구 약 6만 명)에서는 1970년대에 시민 1인1권을 목표로 책한권기증운동을 10년 이상 펼쳐 공공도서관 전 장서의 거의 절반이 시민으로부터 기증을 받은 것이라고 한다. 1973년에 공공도서관이 개관됐지만 장서가 겨우 1만3000권 정도였고, 도와다 시의 한해 도시구입비가 200만 엔 수준이었기에 목표로 했던 시민 1인당 책 1권(약 5만3000권)에 훨씬 못 미치는 상황에서 지역 독지가 11명이 이런 운동을 제창했던 것이다. 이들은 '향토자산으로 책을 물려주자'는 캠페인을 벌이며 지역은행에 계좌를 개설해 시민의 기금을 받았는데 모금액이 800만 엔(약 8000만 원), 기증도서수가 3만6300권에 이르렀다고 한다. 운동을 펼친 지 두 달 만에 당초 목표액 200만 엔을 돌파했다고 한다. 1978년에는 도와다 시 공공도서관은 7만9500권의 책을 보유할 수 있었는데 무엇보다 지금도 도와다 시민의 도서관에 대한 자부심이 대단하다는 것이다.

이러한 것을 참고로 앞으로 우리 부산에 도서관을 만들 때 시민참여를 적극 이끌어 냈으면 한다. 우선 지역도서관에 '시민의 서재'라는 코너를 만들어 보자. 지역 주민을 대상으로 1000명 정도로 한정하되 기일을 정해서 자신이 인생을 살면서 가장 감명 받았던 책이나 소장도서를 1페이지 정도의 자신의 감상문을 더해 기부하게 하는 것이다. 너무 많으면 추첨을 통해 한정하고, 적을 경우 적은 대로 상설 또는 기획전시를 하면 될 것이다. 그리고 또 1000명의 인사들로부터 각자 분야별로 귀한 책 10권씩을 기증받아 '명저의 향기'라는 이름을 붙여 별도의 서실을 꾸며 보면 어떨까? 책 뒷면에는 기증자의 이름과 약력을 붙인다. 또한 1000명의 시민이 낸 도서기증금으로 최신 서적을 구입해 비치하는 방을 만들자. 여기에는 기증자의 이름을 새긴 작은 액자를 마련해도 좋을 것이다. 행정이 만들어 주는 도서관을 이용만 하는 것이 아니라 시민이 나서 함께 도서관을 만들어가는 것이 중요하다.

셋째, 이제는 도서관을 종합정보문화센터로 평생교육의 장이자 여가를 보내는 명소가 되게 하자. 장애인과 같은 사회적 약자를 위해 책을 읽어주고, 점자를 만들어 보급하고, 다문화가정을 포용하는 다국어문화관도 있어야 한다. 이런 점에서 다양한 입장과 관점에서 시민의 요구가 새로운 공공도서관의 설계디자인에 반영돼야 한다.

이제 도서관은 이제는 더는 과거의 도서관에만 머물러 있어선 안 된다. '진화된 도서관'이 필요하다. 앞서 소개한 센다이시민도서관의 공식이름은 센다이미디어테크(Sendai Mediatheque)이다. 미디어테크라는 말은 책을 보관하는 도서관, 즉 비블리오테크(Bibliotheque)로부터 진화된 도서관을 의미한다. 책을 넘어 변화된 모든 미디어를 시민에게 제공하는 공공시설인 센다이미디어테크는 노후화된 센다이시민도서관(1962년 개관)을 대체하면서 도심의 버스차고지를 매입해 2001년 이전 신축을 했다. 하이테크와 새로운 매체의 결합을 통해 물질적인 건축에 가상의 세계를 접목키는 실험적인 건축물로 유명 건축가 이토 토요의 독창적인 디자인을 가장 잘 보여주는 대표 작품으로 '죽기 전에 꼭 보아야 할 세계 건축 1001'에 들어가는 하이테크정보건축물이다. 내부에 세워진 기둥은 7층 건물의 모든 층을 뚫고 자라난 거대한 나무줄기처럼 바닥을 시작으로 모든 층을 관통해 지붕까지 이어진다.

센다이미디어테크는 지하2층 지상7층 건물인데 구성은 이렇다. 지하1층은 주차장 관리공간 준비실. 지하2층은 보존서고 수장고 전시기재고 기계실. 1층은 플라자(300명 가능공간, 카페, 숍). 2층 센다이미디어테크(영상음향라이브러리, 볼런티어오피스, 센다이시민도서관 아동서·그룹열람실, 이야기방, 신문잡지코너). 3·4층 센다이시민도서관. 5층 이벤트전용 갤러리. 6층 갤러리. 7층 스튜디오 인포메이션, 센다이미디어테크 상담데스크·접수상담 카운터, 미술문화라이브러리, 스튜디오, 극장(180석), 라운지.

센다이미디어테크는 한 예일 뿐이다. 이렇게 멋진 선진 도서관을 견학하는 '도서관 순례단'을 모집해 다녀오는 프로그램을 만들어보는 것도 좋을 것이다. 사람이 책을 만들고, 책이 사람을 만든다면 도시가 도서관을 만들고, 도서관이 도시를 새롭게 만들 수 있지 않을까?

2008 아카데미

－제2의 삶을 준비하는 당신에게 드리는 희망 메세지－

인생의 절반을 살아버렸다고 생각하는 당신, 알고 계시나요?
당신은 이제 막 고치에서 벗어나 화려한 부활을 꿈꾸는 나비라는 사실을.
인생의 전반전에 당신은 열심히 땀 흘리며 거친 땅을 갈아 엎고 일구었습니다.
이제 그 비옥한 땅에 새로운 씨앗을 심고, 물을 주어야 할 때입니다.
오감의 문을 활짝 열어젖히세요.
그러면 가슴 속에 오래 품었던 씨앗 하나 보일 겁니다.
그 씨앗 하나 싹 틔어, 푸르고 싱싱한 희망의 나무로 자라날 겁니다.

NPO! 그 다양하고 아름다운 세계로 여러분을 초대합니다!

행복설계 아카데미는 삶의 경험과 전문성을 갖춘 퇴직자들이 인생의 후반부를
민간비영리단체에 참여해 사회공익활동에 기여할 수 있도록 체계적으로 지원하는
사회공헌 프로그램입니다.

제4기 행복설계 아카데미 개요

- 교육기간 : 2008년 5월 13일부터 6월 20일까지
  기본교육: 5월 10일 ~ 5월 20일(총 6일/40시간)
  현장실습: 6월 02일 ~ 6월 20일(총 10일/80시간)
  ※ 현장실습 일정, 기간 등은 교육생과 상담 후 결정.

- 모집대상 : 30명 ~ 40명
  40~60대 초반의 대기업, 중소기업, 관공서, 기타 전문직종 퇴직자
  사회봉사활동, 비영리단체 참여에 경험과 관심을 가지고 있는 분

- 교육장소 : 희망제작소 희망모울 2층 교육장 (지하철 3호선 안국역 5분거리)

- 교육비   : 50,000원 (점심식사, 자료집, NPO현장실습 비용)

행복한 인생이모작 학교 – 부산형 50플러스재단을 만들자

"당신의 노후는 행복하십니까?" 보험회사의 광고문구 같은 이 말이 이제는 남의 이야기 같지가 않다.

UN이 정한 바에 따르면 65세 이상 노인인구 비율이 전체 인구의 7% 이상을 차지하는 사회를 고령화사회(ageing society), 14% 이상이면 고령사회(aged society), 20% 이상이면 초고령사회(post-aged society)로 구분하고 있다.

우리나라는 2000년 7월에 노인인구가 전체 인구의 7.1%를 차지해 고령화사회에 진입했으며, 2017년에는 전체 인구의 14%를 넘어서면서(14.2%) 고령사회에 진입했다. 당초 2020년경에 고령사회로 접어들 것이란 통계청 전망보다 3년 앞서 고령사회에 들어섰다. 물론 영국, 독일, 프랑스 등은 이미 1970년대에 고령사회가 됐고 일본의 경우도 1970년에 고령화사회, 1994년에 고령사회에 진입했다. 통계청은 우리나라의 초고령사회의 진입을 2026년(20.8%)으로 전망하고 있다.

고령화사회는 의학의 발달이나 생활환경의 개선으로 평균수명이 늘어나 생기는 선진국형 사회현상이지만 양극화의 심화로 빈곤·질병·고독감 등과 같은 심각한 노인문제를 필연적으로 낳게 된다. 더욱이 선진국에 비해 급속히 고령화사회를 거쳐 고령사회, 나아가 초고령사회로 치닫고 있는 우리나라는 노인문제가 저출산 문제와 맞물려 커다란 사회이슈가 되고 있다.

일본의 단카이세대(団塊の世代: 2차 대전 후 1947년~1949년 사이의 베이비붐으로 태어난 세대)와 비슷한 우리나라의 한국전쟁 후 베이비붐 세대(1955년~1963년)의 은퇴도 이제 본격화한다. 필자를 포함해서 1955년에서 64년 사이에 태어난 우리나라 베이비붐세대는 약 900만 명에 이르면서 경제활동인구도 본격적으로 줄어들게 됐다. 통계청에 따르면 2016년 베이비붐세대가 전국 인구에서 차지하는 비율이 14.2%인데 비해 부산은 시 인구의 16.1%를 차지해 전국에서 베이비붐세대 인구가 가장 많다.

60세 전후의 정년퇴직은 고사하고, 45세에도 퇴직하지 않으면 눈치를 모르는 '사오정', 38세가 구조조정의 경계라는 '삼팔선'이라는 말이 회자된 지도 제법 오래된 오늘날, 문제는 명예퇴직을 하건 정년퇴직을 하건 앞으로 보내야 할 노후기간이 과거 세대에 비해 적어도 20~30년은 더 늘어났다는 것은 명백한 사실이다.

『정년 후의 8만 시간』(강창희, 2010)이란 책을 보면 60세에 정년퇴직을 한다고 가정해도 80세까지 살면 정년 후의 인생이 20년이다. 정년퇴직을 하고 나서 잠자는 9시간, 식사하는 3시간, 화장실 가는 1시간 등을 다 빼더라도 하루 11시간 정도가 남는데 이를 20년간 계산하면 약 8만 시간이다. 우리나라 직장인들의 연평균 근로시간이 2300시간인데 60세 정년 후의 8만 시간은 현역시절의 35년 일하는 것과 맞먹는 시간이라는 것이다.

서울대학교 생활과학연구소가 지난 2009년 통계청 가계동향조사 결과를 근거로 분석한 은퇴소득대체율은 42%에 불과했는데 이는 은퇴 이전 가령 100만 원의 월 평균 소득이 노후 진입과 동시에 42만 원으로 대폭 줄어든다는 것을 의미한다. 금전적 궁핍도 문제지만 지금까지 직장에서 일해 온 시간만큼이나 노후에 할 일 없는 '무위고(無爲苦)'는 더 큰 난제라 할 수 있다.

『시골에서 찾은 인생 이모작』(김경래, 2009)은 시골이야말로 '인생 2모작 또는 3모작을 할 수 있는 경쟁자 없는 블루오션 시장'이라고 주장한다. 텃밭에 채소를 길러 먹으니 먹을거리 걱정 없고, 차를 끌고 나가도 주차 걱정이 없는 곳이 바로 시골이며, 경쟁자가 없어 조금만 노력하면 내가 최고가 될 수 있고 도시보다 덜 벌어도 더 풍요롭게 살 수 있다는 것이다.

시대는 이제 한평생 한 두 직장을 다니다 은퇴하면 '인생이 종치는' 삶이 아니라 은퇴 이후 새로운 인생을 활기차게 사는 '인생 이모작'이 절실히 요구되는 시대다. '퇴직'은 피할 수 없는 운명일지 몰라도 '은퇴 후의 삶'만은 자기 마음먹기에 따라서 달라질 수 있다는 것이다.

이처럼 인생 이모작과 관련해 은퇴 이후의 생활에 관한 책도 다양하게 나오고 있는데 그 내용은 주로 노후의 재정적 안정, 몸과 마음 건강 다스리기, 사회변화에 따른 지식 재충전, 주변사람 돌보기 및 지역 참여 등으로 요약된다. 이러한 인생 이모작은 기존 학벌사회, '회사인간'의 연장이 아니라 개성 발휘, 지역사회 공헌이라는 새로운 패러다임 아래 멋진 어른의 모습으로 지역에 새롭게 데뷔하는 그런 삶이어야 한다. 남에게 행복해보이는 것 같은 삶이 아니라 자신과 주변 사람이 진정 행복함을 느끼는 그런 삶을 살아야 하는 것이다.

그러나 이런 멋진 노년을 살고 싶은 마음은 굴뚝같지만 이러한 인생 이모작을 어떻게 시작해야 할지는 참으로 막막하다고들 한다. 베이비붐세대는 그동안 열심히 일하는 것만 배웠지 퇴직 이후의 삶에 대해선 제대로 생각할 기회조차도 갖지 못했던 까닭이다. 이러한 데서 지자체나 교육청이 적극 나서 인생이모작학교를 적극 지원할 필요가 있다. 이는 경쟁사회에서 살아남기 위한 '회사인간'이 아니라 은퇴 후의 삶도 한번쯤 생각할 줄 아는 '사회적 인간'을 키워내기 위해 필요한 사회적 틀거리이기도 하다.

이러한 퇴직자들의 새로운 인생이모작학교의 모델들이 십여 년 전부터 나오면서 이제는 지자체에 따라서는 아예 제도화된 사례도 많다. 그러나 아직 부산시의 경우 이러한 인생이모작학교의 제도화가 제대로 이뤄지지 않고 있다.

우리나라에서 인생이모작학교를 처음 다룬 곳은 (재)희망제작소였다. 희망제작소는 2007년 대한생명과 함께 만든 전문직 퇴직자들을 위한 국내 최초 NPO입문 프로그램으로 「행복설계 아카데미」를 개설해 그 뒤 모두 13기 총 400명의 수료생을 배출했다. 이들 중 절반 가까이가 현재 지역 시민단체, 대안학교, 사회적 기업, 국제구호단체 등 다양한 비영리단체에서 상근활동가, 대표, 전문위원, 자원활동가 등으로 참여하며 제2의 인생을 설계하고 있다고 한다. 2010년부터 희망제작소는 '시니어 사회공헌센터'를 두고 행복설계아카데미 프로그램도 전문과정, 직장인 과정을 신설하고 개인 역량과 욕구에 맞춘 컨설팅에 나섰고, 시니어 사회공헌사업단을 꾸려 시니어들의 구체적인 경험과 능력을 비영리단체와 연결하고 시니어들의 사회혁신 활동과 단체설립을 지원한다.

희망제작소의 해피시니어사업은 2004년 당시 박원순 희망제작소 상임이사가 독일여행 중 우연히 만난 루거 로이케(Rudger Reuke) 씨로부터 영감을 얻었다고 한다. 로이케 씨는 35년간 독일 정부기관 DED(독일개발원조기구)에서 근무하다 은퇴 후 해외원조 민간단체인 저먼워치(German Watch)에서 일을 시작했다. 정부 연금을 받고 있기 때문에 매일 출근해 일할 곳이 있는 것만으로도 행복하다며 이 단체로부터는 1유로만 받기로 하고 기쁘게 일하고 있었다고 한다. 행복설계아카데미는 바로 '한국판 1유로맨'을 만들기 위한 행복한 인생이모작 프로젝트였던 것이다.

그 뒤 인생이모작을 고민하는 정부 차원의 노력도 있었다. 한국직업능력개발원은 2011년 「제2의 인생설계 지원프로그램」을 운영했는데 이는 정부 차원에서 연구한 최초의 은퇴 지원프로그램이다. 4개월 동안 진행되는 프로그램은 자기이해→생애계획 수립→직업탐색→합리적 의사결정→효과적 실행 및 준비→사내외 교육 및 기타 활동→마무리 등 7단계로 구성됐다. 이 프로그램을 개발한 한국직업능력개발원의 김수원 박사는 '인생설계 전문가 양성이 시급하다'고 강조하고 '직업훈련기관들 간의 네트워크 구축이 필요한데 특히 노동부 산하 종합고용센터에서 이러한 일을 하는 것이 효율적'이라고 제안했다.

이렇게 보면 기존 노인대학도 프로그램만 잘 짜면 가장 좋은 인생이모작학교로 변신할 수 있을 것이다. 인생이모작이란 강령을 내걸고 2005년 3월 설립된 인천광역시 부광노인대학은 2011년 1월 30일 제4회 대학 및 제2회 대학원 졸업식을 가졌다. 이날 졸업생은 151명으로 졸업식장의 야외 홀에서는 별도 졸업작품전이 열렸다. 학과도 한글학과·일어학과·영어학과·중국어학과·합창학 노래교실학과·서예학과·우리 춤 체조학과·하모니카학과·치료레크레이션학과·건강체조학과·게이트볼학과·수지침학과·배드민턴학과·스포츠댄스학과·생활요가학과·탁구학과·컴퓨터학과·장기학과·성경이야기학과·꽃꽂이학과·원예학과 등 23개 학과나 된다고 한다(http://blog.daum.net/

salamstory/15860462). 이러한 노인대학의 변신도 아름답지 않은가?

서울시는 2016년 4월 서울특별시 50플러스재단을 만들었다. 이 재단은 서울시 장년층(만50세~64세)의 은퇴 전후의 새로운 인생 준비 및 성공적인 노후생활을 위한 사회참여 활동을 지원하기 위해 서울시의 출자출연기관으로 「서울특별시 50플러스재단 설립 및 운영에 관한 조례」에 따라 설립되었다. 그리고 서울시50플러스 중부캠퍼스(공덕역), 서부캠퍼스(불광역), 남부캠퍼스(천왕역)를 갖고 있다.

2016년 12월에는 충남도도 베이비부머 지원 인생이모작지원센터를 열었다. 홍성군 충남노인회관 1층에 자리잡은 이 센터는 인생설계 아카데미, 카운슬러 양성, 이모작 열린 학교 등의 프로그램을 운영하고 있다. 이 센터는 한국노인인력개발원의 '60+교육센터' 운영기관으로도 선정됐다(충청뉴스, 2019. 4. 2).

한경비즈니스(2017. 3. 21)는 남경아 서울시50플러스 서부캠퍼스 관장을 인터뷰한 기사를 내보냈다. 남 관장은 '앙코르 커리어'의 중요성에 대해 이야기했다. 앙코르 커리어는 미국의 비영리단체 시빅벤처스의 설립자 마크 프리드먼이 그의 저서에서 은퇴 이후 제2의 인생을 앙코르 커리어라고 정의한 데서 비롯된 것으로 3P(사회공헌·Purpose, 개인적 성취·Passion, 소득·Paycheck)를 갖춘 사회공헌 일자리를 의미한다. 남 관장은 50플러스 세대에게 "제2의 커리어는 제1의 커리어의 연장선처럼 생각하지 말라"고 조언했다. 또한 여유를 가지고 인생을 재설계한다는 각오로 새롭게 배우고 도전하는 것이 중요하며 8세가 되면 초등학교에 가듯이 인생의 중반기에도 또 한 번의 배움의 과정을 거쳐 경험과 역량을 살릴 수 있는 일자리를 가져야 한다고 주장했다.

이웃나라 일본의 경우 몇몇 지자체나 노인단체에서 60세, 80세에 성년식을 다시 하는 숙년(熟年) 성인식 행사가 호평을 얻는다. 니가타 현 쓰바메(燕)시는 노인연합회 주관으로 1995년부터 매년 일본 성인의 날인 1월 10일에 80세를 4번째 성인식이라고 생각해 80세가 되는 노인들을 대상으로 건강과 장수의 축하연을 베푼다. 숙년 성인식은 청년시절 전쟁 기억밖에 없었던 세대들에게 청춘 돌려주기 사업으로 시민단체가 발상을 한 것인데 지금은 '80세까지 건강하게 살아 숙년 성인식 축하를 받자'는 말이 노인들 사이에 돌 정도다.

야마구치 현의 아지스(阿知須) 정에서는 제2의 성인식 행사로 회갑을 맞는 시민을 대상으로 숙년 성인식을 갖는데 '숙년의 파워를 결집해 기쁨이 넘치고 서로 배려하는 마을 만들기와 지역사회 발전에 공헌하자'는 선언도 하고 있다. 사이타마 현의 도코로자와(所沢) 시는 생활정보지《숙년만세》와 공동으로 환갑을 맞는 시민을 대상으로 자신의 재능을 선보이는「숙년만세」콘서트를 매년 개최하고 있다. 이러한 면에서 우리도 회갑의 의미를 새롭게 보고 이날을 지역 봉사자로 데뷔하는 날로 삼으면 어떨까 싶다.

그런데 이러한 인생이모작학교의 발상이 우리 부산에는 잘 보이지 않는다. 부산시와 교육청, 상공회의소나 시민단체가 지혜를 모아 '행복한 인생이모작학교'를 지역에 많이 만들면 좋겠다. 이를 보다 체계적으로 실행하기 위해서는 무엇보다 '부산형 50플러스재단' 설립이 절실하다. 이러한 실버인력의 재능을 최대한 활용하기 위해서는 부산지역의 구군별 또는 동별로 '실버은행'이나 '실버 마이스터제' 등을 도입해 지역 실버 계층의 능력을 체계적으로 키우고 이들을 지역사회에 적극 참여시키는 사회적 일자리 만들기에 힘을 모았으면 좋겠다. 이러한 제도적인 뒷받침이 되면 행복한 인생이모작학교는 취미+건강+정보사회 이해+지역공헌 등을 실천하는 지역 실버 활동가도 길러낼 수 있을 것이다.

　미국의 생태주의 철학자 헨리 데이비드 소로우(Henry David Thoreau)는 "인생은 여행이지 머물러 있는 정거장이 아니다"고 했다. 은퇴 이후에도 어릴 적 꿈을 잃지 않는, 아름다운 은발의 힘을 지역에서 마음껏 펼칠 수 있는 장을 만드는 것이 고령화시대 지자체의 최대 과제 중의 하나가 아닐까 싶다.

부산대 대학상권의 청년창조지구 조성을 위한 민관산학 네크워크 제대로 구축하자

 부산대 앞에 청년창조지구 만들기 바람이 분 지가 제법 됐다. 2011년 봄의 이야기이다. 부산 금정구청이 이 일대를 청년창조지구로 만들겠다고 했고, 청년인디문화를 활성화하기 위해 금정구예술공연지원센터와 부산콘텐츠코리아 랩도 세웠다. 그런데 구청장이 바뀌었지만, 아니 바뀌었기 때문일까? 부산대 앞 대학상권은 그렇게 창조적으로 바뀌고 있는 것 같지는 않다. 청년창조지구의 역동성은 구청과 더불어 부산대 교직원, 학생, 동문, 그리고 부산대 앞 상가번영회의 적극적인 거버넌스가 열쇠인데 말이다.
 2011년 당시 '청년창조지구' 조성 논의의 시간으로 거슬러 올라가 본다. 2011년 6월 금정구의회에서 「부산대 앞 청년창조지구 조성을 위한 토론회」가 열렸다. 여기에는 당시 차재근 부산문화재단 문예진흥실장이 「부산대 앞 문화예술지원센터의 의미와 운영방향」을, 김재호 부산대 교수가 「부산대 정문 앞 광장 조성의 필요성과 실행전략」을, 그리고 필자가 「부산대 앞 창조지구 조성을 위한 민관산학 네트워크 구성과 역할」을 주제로 발표를 했고, 류성효 대안문화 '재미난 복수' 사무국장, 김성헌 대안문화공간 '비움' 대표, 오재환 부산발전연구원 연구위원, 안석희 하자센터 노리단 부산추진단장, 박성철 부산대학로 상가번영회장, 방희원 금정구의회 의원이 토론자로 참여했다.

토론회를 많이 나가보았지만 당시만큼 열기와 진지함이 넘치는 토론회도 드물었다. 청년창조지구는 많은 사람들의 아이디어와 실천력이 어우러진 청년문화의 용광로여야 할 것이기에 청년창조지구는 부산대 앞 대학촌으로서 부산대다움이 잘 나타나야 한다고 본다. 그런데 지난 2009년 2월 BTO(수익형민자사업)방식으로 추진돼 문을 연 부산대 정문 옆 쇼핑몰 효원굿플러스는 부산대의 정신적 지향, 가치가 전혀 보이지 않는 실패작으로 시민에게 받아들여진다. 대학의 상징인 정문과 시계탑이 실종되고, 교직원, 학생, 학부모, 동문을 끌어들이기는커녕 지역 상가와 갈등관계를 유발해 대학의 창조적 청년문화나 지역문화 및 글로벌문화센터로서의 기능을 전혀 살리지 못했다는 지적을 받는다.

발제를 한 김재호 교수(당시 부산내 문화콘텐츠개발원장)는 부산대를 시민을 위한 열린 공간으로 삼기 위해서 정문 개조론을 제안했다. 김 교수는 부산대다움을 찾기 위해서는 윤인구 초대총장의 건학정신의 계승에서부터 시작해야 할 것이라고 강조했다. 윤 총장은 우리나라 첫 국립대학을 부산시민의 힘으로 만들어 국가에 헌납했는데 설립 과정을 보면 우리민족이 일제시대부터 염원했던 우리 손으로 만든 첫 민립대학이다. 장전동 캠퍼스의 장전(長箭)이란 긴 화살을 뜻하는 데 조선시대에 전국에서 가장 멀리 날아가는 화살을 이 지역에서 난 대나무로 만들었다는 데서 나왔다고 한다. 그 대나무가 자라는 자리에 윤 총장이 하늘을 향하여 팽팽히 당겨진 활의 형상을 하고 있는 무지

개문을 세워 청년들로 하여금 진리·자유·봉사의 정신을 쏘아올리는 것을 상징으로 했다. 대형 전면 유리로 된 로비가 있는 부산대 인문관(설계-김수근)은 펄벅 여사가 부산대를 방문했을 때 '세계에서 가장 아름다운 캠퍼스'라고 말했을 정도로 세계적인 건물이자 우리나라 근대사의 가장 위대한 건물 중 하나다.

김 교수는 앞으로 부산대와 금정산 기슭에 초대총장 윤인구박물관을 비롯해 부산근대사인물박물관이나 부산교육박물관 설립을 제안했다. 또한 앞으로 부산대 교직원들의 의견을 수렴해가면서 새롭게 캠퍼스 정문을 만들 필요가 있다는 것이다. 정문에서부터 인문관의 모습이 가장 시야에 잘 들어오도록 설계해 금정산 산정의 금샘이 대학 안으로 들어오고 이를 정문까지 흐르게 하고 정문 앞에는 어떤 형체의 문을 만들기보다 커다란 돌덩어리 하나를 두되 이는 마치 미켈란젤로가 이탈리아의 어느 작은 마을에 버려진 큰 돌덩어리를 보면서 청년 다윗상을 탄생시킨 그 창조성을 상징하도록 하자는 것이다.

김재호 교수의 제안에 지금도 동감한다. 부산대가 늦었지만 지금부터라도 내부 역량을 결집해 지역에서 부산대의 비전을 보여줘야 한다고 본다. 이러한 좋은 사례로 나는 일본 홋카이도대학의 윌리엄 S. 클라크 초대총장의 개척정신을 소개하고 싶다. 클라크 박사는 "Boys, be Ambitious!(소년이여 야망을 가져라!)"라는 말로도 유명하지만 대학의 개척정신을 홋카이도를 비롯한 일본은 물론 전 세계 청소년들에게 개척정신과 비전, 열정을 강조한 세계적인 리더이다. 이러한 전통이 오늘날 홋카이도대학이 지역에서의 리더십을 갖는 바탕이 되고 있다. 홋카이도대학 내에는 일본 최초의 대학사박물관이 있고, 또한 동문회관에는 전국 대학 관련 자료를 한꺼번에 볼 수 있는 정보센터가 있고, 이 대학을 찾는 동문 및 지역주민들은 홋카이도대학의 다양한 브랜드상품을 구매하는 것을 자랑으로 여긴다. 홋카이도대학의 에코캠퍼스 만들기는 대학을 지역의 생태공원으로 재탄생시켜 지역민의 사랑을 받고 있다. 부산대 동문으로 자부심을 갖고 있는 필자는 부산대의 정신은 10·16부마항쟁에서 드러난 것과 같이 '평범한 시민의 지역 리더십'이 그 핵심이라고 생각한다.

도쿄 와세다대학의 경우는 2006년 6월 국제커뮤니티센터를 개설해 90개국 4000여 명 외국 유학생들의 이문화 교류를 적극 추진해오고 있다. 5만 7000명의 재학생과 50여만 명의 동문과 지역사회를 연결하는 국제 교류의 장을 대학이 마련한 것이다. 이곳 센터에선 유학생과 일본 국내학생들과의 교류, 언어문화의 교류, 사회 및 국제문제, 음악, 댄스, 스포츠, 연수여행 등 다양한 형태의 교류가 이뤄진다.

또한 도쿄가쿠게이(東京学芸)대학의 경우는 대학 앞 지역 편의점 공간에 커뮤니티센터를 개설해 지역민과 대화·교육 프로그램을 전개한다. 일본의 대표적인 편의점의 하나인 로손(LAWSON) 건물의 북쪽 절반 공간에 지난 2009년 4월 '가쿠게이대학 커뮤니티센터'를 연 것이다.

그리고 좀 더 욕심을 낸다면 부산대 앞을 아시아청년창조문화센터로 만들어 볼 것을 제안한다. 일본 가나카와 현 가와사키 시가 지난 2009년 게이힌 임해지역에 아시아기업가촌(起業家村)을 조성했는데 이를 벤치마킹해도 좋을 것 같다. 아시아기업가촌은 아시아기업가촌추진연합회가 중심이 돼 중국 상해지역 대학 유학생들로부터 기업예비군을 발굴해 환경정보기술(IT) 등을 중심으로 2000개사 정도를 유치해 지역의 신산업 육성의 거점을 만들고 있다.

또한 창조도시로 잘 알려진 미국 노스캐롤라이나주립대학(NCSU) 센티니

얼캠퍼스의 경우는 대학 내에 자연경관을 살린 벤처촌을 두고 산학협동 캠퍼스를 추진한다. 이들 벤처기업 관계자에게는 도서관 이용과 강좌도 허용하는 등 교직원과 같은 대우를 해준다.

이렇게 볼 때 부산대의 경우 보다 열린 대학을 지향해야 한다. 따라서 대학 당국의 새로운 지역 리더십 발휘가 그 어느 때보다 더 요구된다. 학내 각종 구성원, 지역상인, 지자체, 기업과의 커뮤니케이션을 통해 형식과 내용 면에서 효원굿플러스가 새로운 모습으로 지역과 만나길 기대해본다.

그 다음으로는 금정구청에 꼭 부탁하고 싶은 것이 있다. 창조도시는 도시 내부에 혁신시스템이 조합되어 진화하는 지적기반사회를 만들어가는 것이다. 그것은 창조적 상상력을 바탕으로 한다. 이러한 방향으로 나아가기 위해서는 행정, 기업, 상가, NPO, 시민의 소통이 중요하다. 그래서 부산대 앞 청년창조지구의 실질적 조성을 위해 지역 관련 기관 및 단체의 충분한 '사전 의견 수렴'을 거쳐야 한다고 본다. 이때 원칙은 「지원은 하되 간섭하지 않는다.」는 것이다. 창조적 분위기(Mood) 만들기에 노력을 해달라는 것이다. 부산국제영화제의 성공비결 중 하나가 '민간전문가 중심의 조직 운영과 부산시의 절제된 지원'에 있다는 말이 있듯이 과거 구청장 때의 사업이라고 해서 무시하지 말고 새로운 의미에서 재창조가 필요한 때이다.

그동안 부산지역은 도시재창조사업이 제법 적극적으로 추진돼왔다. 원도심 문화부흥을 내걸면서 지역 예술인의 지역문화 공간에 대한 욕망과 그 장소가 가진 역사·문화적인 자원이 결합하여 2010년 부산 중구 중앙동, 동광동 일대의 빈 상가를 리모델링해 「또따또가」라는 원도심 문화창작공간이 만들어져 호평을 받는다. 2013년에는 부산에서도 상대적 소외지역이었던 서부지역인 사상 도시철도역 빈터에 컨테이너 27개를 활용해 'CATs 사상인디스테이션'이라는 문화재생공간이 만들어져 공연무대, 전시 쇼케이스, 야외무대, 스튜디오, 레지던스 등을 갖춰 부산지역 청년문화활동을 견인해왔다.

이런 데서 부산대 앞 청년창조지구 만들기를 위해 우선 현장을 바탕으로 한 민관산학 연구조직을 먼저 구성하는 게 어떨까 싶다. 부산대 앞 대학촌에 대한 실태조사와 지역 보물찾기에 나서는 연구모임으로 민관산학이 함께 모일 수 있는 소통공간을 만들자. 특히 이러한 연구조직은 일본 요코하마시의 'KYATS'를 참고로 하는 것도 좋을 것 같다. KYATS는 '요코하마가나자와지역 연구집단'의 약칭으로 지난 1991년 가나자와구청 직원의 제안으로 시작된 것인데 구민과 함께 마을걷기강좌 개설을 시작으로 1992년에는 신가나자와발굴대(SKOP)를 발족해, 걸리버지도 마을 보물찾기 활동을 했다.

그 뒤 1996년에는 요코하마 시와 시민, 대학, 행정, 기업의 4자 간에 파트너십을 통해 가나자와구의 종합적인 마을 만들기 추진을 목적으로 지역 싱크탱크형 NPO가 됐다. KYATS는 지역의 자원과 과제를 조사연구해 종합적으로 파악하고, 입장이나 이해, 의식이 다른 다양한 시민이 공통으로 대화하면서 합의점을 만들어냈다. 이 단체에는 요코하마시립대학 등 8개 지역대학 학생이 환경·복지·역사 등의 주제마다 스태프로 참여한다고 한다. 그리고 특이한 것은 KYATS 담당 공무원은 향후 부서 이동시에도 '공무원 위원'으로 지속적으로 이 모임에 참여해 활동을 하도록 보장받는다는 사실이다.

이런 면에서 우선 금정구의회를 중심으로 구청 직원, 부산대 교수 학생 동문, 상가번영회, 지역 전문가 등 금정구 장전동 일대 청년창조지구 만들기에 관심 있는 사람들의 연구모임을 만드는 것부터 시작하면 좋을 것이다. 기존 관 주도에서 민관거버넌스를 바탕으로 한 신행정(New Public Management)이 절실한 때이다.

그리고 중요한 것은 부산대학로 상가번영회의 역할이다. 상가번영회 차원에서도 '부산대학로 상인헌장'을 제정·실천하는 등 상가 나름의 가치를 발신해야 한다고 본다. 이에 관해 일본 센다이 시의 아라마치(荒町)공화국 만들기 사례를 소개한다. 아라마치공화국은 1993년 일본 미야기현 센다이 시 아라마치상점가진흥조합 이사장인 이즈모 고코로 씨가 상가번영회장이 된 뒤 아라마치공화국을 선포하면서 알려졌다. 문방구점 주인 출신인 이즈모 씨는 '행복한 상점가 만들기'에 도전했다.

「아라마치공화국의 상인헌장」을 보면 이렇다.

'우리들은 아라마치상인임을 자랑스럽게 생각하며 책임감을 느낍니다. 적극적으로 참여하고 상점에서 일할 때 기쁨을 느낍니다. 문화의 향기가 넘치는 마을을 만드는 데 앞장서겠습니다.'

아라마치공화국은 노인들에게 대중교통이용권 및 서비스권을 드리고 담배를 함부로 버린 사람들에겐 벌금을 매기고 점포의 셔터에 시를 붙이고 노인에게 복지도시락을 배달한다는 등 다양한 사업을 펼쳐왔다.

또한 부산대 앞 상점가를 기업의 사회적 책임 및 사회공헌, 메세나 활동의 거점으로 만들었으면 좋겠다. '기업+예술+마을 만들기'를 시도해보자는 것이다. 기업메세나란 지역에 본사를 둔 기업이나 지역의 전통기업 등이 지역주민 또는 지역 주재 예술가에 지원하거나 지역의 예술문화시설의 운영에 참여하는 것을 말한다. 금정구청년창조지구의 경우 가령 부산은행, 대선주조, 동일고무벨트 등 향토기업과 롯데·신세계백화점 등이 이 지역에 메세나 활동에 적극 나섰으면 좋겠다. 그리하여 부산대 앞 청년창조지구가 청년들의 상상력을 마음껏 펼치는 청년창조문화의 멋진 무대가 될 수 있도록 뜻있는 많은 분들의 지혜와 힘이 모이길 기대한다. 창조도시 부산 만들기에 청년들이 적극 나설 수 있는 장을 많이 만드는 일에 민선 7기 지자체 단체장들이 적극 관심을 갖고 소프트전략에 대한 연구를 많이 했으면 좋겠다.

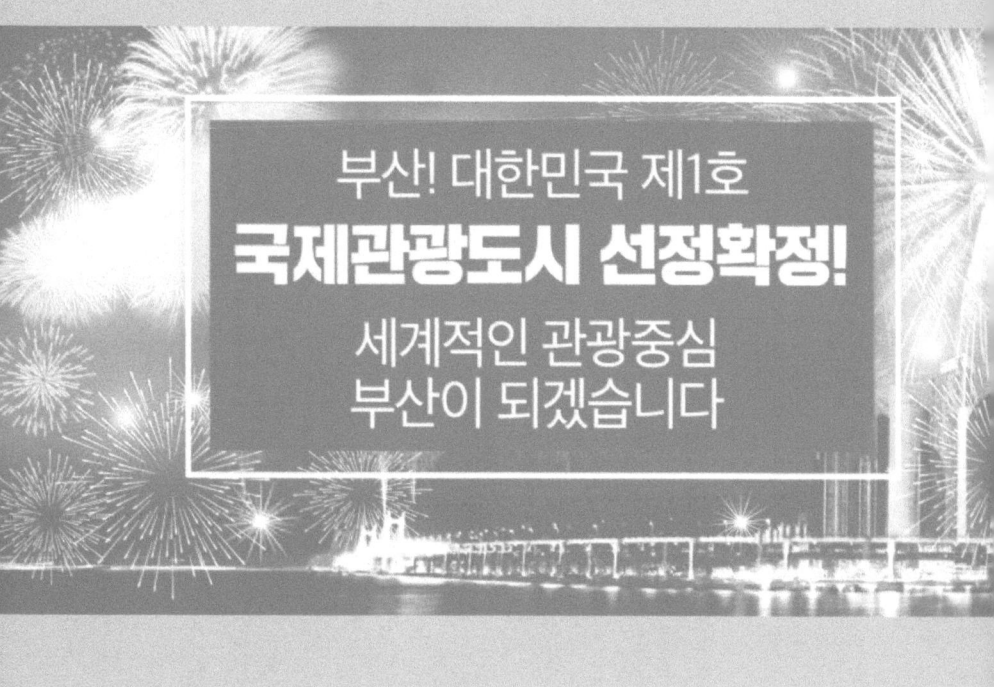

국제관광도시 부산, 시민과 함께 부산브랜드를 세계에 마케팅하자

국제관광도시 부산, 서울에 맞설 한국 대표 관광거점으로 거듭나자!

부산시가 2020년 1월 문화체육관광부가 추진한 국제관광도시 공모에서 국제관광도시로 최종 선정돼 2024년까지 5년간 500억 원의 정부 지원을 받게 됐다. 국제관광도시 부산으로 발돋움하는 계기가 마련된 만큼 이제 '총제적인 부산의 관광브랜드 파워'를 만들어낼 소프트전략이 절실히 요구된다.

이번에 부산이 국제관광도시로 선정된 것은 '외국인 관광객이 서울에 집중되는 한계를 해결하고 지역에 새로운 관광거점을 육성하고자' 하는 점이 중요하다. 서울에 대응하는 우리나라의 또 하나의 관광거점으로서의 부산을 생각해야 한다. '한국관광의 미래, 원더풀 부산'이라는 부산시의 관광비전 아래 앞으로 5년간 3개 사업 분야, 57개 세부사업에 총 1500억 원(국비 500억, 시비 1000억 원)이 투입된다.

핵심사업 분야는 국제관광도시 육성 기본계획 수립 및 브랜드 전략 수립, 부산브랜드 관광기념품 개발 등의 부산 브랜딩 사업, 해외매체 광고 및 드라마 촬영지원 등의 전략적 홍보·마케팅, 일상이 관광이 되는 해양레저체험 콘텐츠 및 걷기코스 개발, 사계절 축제와 마이스(MICE) 발굴 등이고, 전략사업 분야는 부산형 관광플랫폼 구축, 부산관광패스 개발 및 대중교통 불편개선 등의 '편리한 여행환경 조성' 부산형 관광생태계 조성, 범시민 외국인 친절 캠페인 등이라고 한다. 이러한 것들은 관광인프라 구축과 더불어 시민과 함께 치밀하게 추진돼야 하는 일이다.

지난 2월 부산시의회 대회의실에서 '역사문화자산을 활용한 재생사업과 국제관광도시 부산의 비전'을 주제로 한 시민대토론회가 열렸다. 그날 동아대 건축학과 김기수 교수가 이 주제로 발제를 했다. 김 교수는 관광자원 또는 관광콘텐츠를 강조하며 리버풀, 볼티모어, 함부르크와 같은 해양도시의 '창조관광'과 도시재생 사례 그리고 부산지역의 유형문화재, 무형문화재, 천연기념물, 사적, 명승지, 등록문화재, 근내문화유산, 미래유산, 우수건축자산 등을 정리해 소개했다. 특히 성곽·봉수유적이나 초량왜관·청국거류지, 근대도시문화유산, 피란수도 등을 잘 정리한 것은 매우 의미가 크다.

『21세기의 관광학』(2006)의 저자인 마에다 이사무(前田勇)는 21세기 관광으로 지속가능한 관광, 자연생태관광, 헬스의료·웰빙관광을 강조한다. 이 점에서 우리 부산은 천연기념물 제179호로 세계 5대 갯벌인 낙동강 하구를 세계적인 브랜드로 살릴 '현명한 이용'의 정책 마련과 헬스의료관광에도 의료기술, 외국어, 코디교육, 보험, 관광비자 등 종합적인 대응이 필요하다고 본다. 김 교수가 소개한 창조관광은 창조도시에 대한 이해를 바탕으로 부산시와 시민이 공유할 필요가 있다. 미국 카네기멜론대학의 리처드 플로리다 교수는 창조도시의 핵심을 3T 즉 기술(Technology), 인재(Talent), 포용성(Tolerance)이라고 했는데 부산 시민의 멋과 톨레랑스를 더 키우고 널리 알리는 것이야말로 국제관광도시 부산의 동인이 될 것이다.

이런 점에서 국제관광도시 부산을 만들기 위해서 다음과 같은 문제를 고민하고 민관이 힘을 모아야 한다.

첫째, 세계인이 부산을 찾을 수 있도록 부산의 매력을 발굴하고, 이를 부산의 정체성과 연결해 부산의 도시브랜드, 부산의 관광브랜드 파워를 높이는 일을 종합적으로 추진해야 한다. 개별관광의 시대엔 무엇보다 도시브랜드를 높이는 일이 중요하다. 우리 부산의 이미지는 무엇일까? 항만도시, 영화도시, 컨벤션도시?

부산의 도시브랜드를 높이기 위해서는 「다이내믹 부산」의 종합 콘텐츠를 만들 필요가 있다. 나는 그것을 지난해 칼럼을 통해 '부산을 사랑하는 101가지 이유' 만들기를 제안했고, 그것이 지금은 부산연구원과 부산관광공사가 나서 시민참여를 통해 이를 책으로 만드는 중이다. 부산의 매력에 대해 많은 부산시민이 다양하게 표현을 하고, 이를 정리해 발표하는 마인드와 이를 펼칠 수 있는 장을 지속적으로 마련해야 한다. 또한 부산시민뿐만 아니라 부산을 찾는 국내외 관광객, 이방인의 눈으로 부산을 보는 것도 중요하다. 그리고 이러한 것을 SNS나 언론을 통해 국내외에 널리 발신하는 노력을 게을리 해선 안 된다.

또한 부산브랜드를 만들어내기 위해선 TV 드라마나 영화 속에 부산을 기획한 내용이 자연스레 녹아나게 해야 한다. 특히 부산국제영화제 개최도시이자 유네스코 영화창의도시인 부산을 배경으로 한 세계적인 영화를 만들 필요가 있다. 〈로마의 휴일〉〈뉴욕 아이 러브 유〉〈미드나잇 인 파리〉와 같이 스토리와 도시 영상이 어우러진 그런 명화를 만들어내는 것이다. 물론 SNS를 통해 다양한 영상을 세계적으로 많이 내보내는 것도 중요하다. 그러나 부산을 종합적으로 조명하고 카탈로그적인 내용이 영상화된 멋진 영화나 드라마가 나와야 한다.

둘째, 부산의 브랜드파워를 높이기 위해서는 관광객의 여행의사결정 시스템을 잘 파악해 부산에 맞게 적절히 단계별로 대응해야 한다. 부산관광에서 대한 총체적인 흐름과 단계마다 해야할 것들을 종합적으로 체크하는 일이 중요하다. 관광객의 여행의사결정 단계는 흔히 ①여행욕구 발생 ②정보 탐색 ③관광목적지 인지 ④방문욕구 발생 ⑤정보 수집 ⑥대안 비교 ⑦여행결정·선택 ⑧여행 실시 ⑨피드백으로 구성된다고 한다(정기정, 『관광산업과 플랫폼 전략』, 2014). 이 가운데 결정단계별로 대응을 제대로 할 필요가 있다. ①②단계에서는 시장분석이 중요한데 앞서 말한 부산브랜드를 세계에 알려야 한다. ③④단계에서는 브랜드 인큐베이팅이 중요한데 부산을 방문하고 싶게 만들어야 한다. ⑤~⑦단계에서는 세일즈로 상품 관광콘테츠를 개발해 다른 상품과 비교해 부산을 선택하고 싶게 해야 한다. ⑧⑨단계의 경우 부산을 방문했을 때 환대와 피드백이 중요하다. 외국관광객의 경우 '시장선택-브랜딩-세일즈-웰커밍(환대)'이라는 과정을 중시해야 할 것이다. 리서치를 통해 시장을 분석하고, 목표시장을 선택해 공략방안을 마련하여 브랜딩 활동을 전개하며 수요를 만들어내고, 세일즈 활동을 통해 실질적인 방한이 이뤄지면 웰커밍 활동으로 이어지게 해야 한다.

셋째, 국제관광도시로 가려면 도시브랜드 만들기에 시민이 중심에 나서야 한다. 이번 국제관광도시 선정은 부산관광이 부산 관광산업 종사자만의 일이 아니라 바로 우리 부산시민의 비즈니스라고 하는 생각을 갖는 게 매우 중요하다.

『마이스산업, 대한민국의 미래입니다』(2009)에서 황희곤·윤은주는 도시의 브랜드 이미지, 아이덴티티의 중요성을 강조한다. 이를 바탕으로 도시마케팅을 해야 하는데 도시마케팅이란 도시가 목표대상(투자자, 관광객, 시민 등)에게 경쟁도시보다 효율적으로 도시상품(도시이미지와 각종 도시자산 및 자원)을 제공하고, 이들의 만족 극대화를 위해 도시상품, 가격, 유통, 촉진 과정을 효율적으로 관리(계획, 실행, 통제)하는 것이라고 한다. 도시마케팅은 전통적 마케팅의 4P 모델(Product, Price, Place, Promotion)에다 People(사람)을 추가한다. 우리 부산의 매력을 더해줄 수 있는 사람을 발굴해 조직화하고, 지역주민이 도시 생명력의 열쇠로 도시마케팅의 의사결정에 참여해 각종 문화활동에 대한 의견제시나 관광프로그램 및 국제행사 유치의 동기부여가 되도록 해야 한다.

미국의 도시 매력도 평가는 보통 8가지 분야로 한다고 한다(정기정, 2014). 요인을 보면 ①사람(도시 거주민들에 대한 평가) ②여행형태(그 도시를 어떤 형태로 여행하는 것이 좋은지) ③야간유흥(야간 경관이나 유흥요소가 풍부한 지) ④문화(지역의 문화적 수준, 관광자원의 보유 여부) ⑤쇼핑(쇼핑시설) ⑥음식·식당 ⑦삶의 질·방문자 경험(도시환경이나 분위기) ⑧방문 최적시기 등을 평가하는 것이다.

국제관광도시가 됐을 때 가장 으뜸 평가요소는 바로 우리 부산시민의 삶의 모습이다. 도시 매력도 평가에서 사람 항목의 세부평가는 11가지이다. ①매력적인지 ②친근하게 대하는지 ③인텔리전트한지 ④바깥 운동을 좋아하고 활동적인지 ⑤다양한지 ⑥스타일이 멋진지 ⑦틀에 박힌 데서 벗어나는지 ⑧스포츠를 좋아하는지 ⑨자기가 사는 도시에 자부심이 있는지 ⑩기술을 잘 다루는지 ⑪지역에서 쓰는 말이 매력적인지 등을 들고 있다. 이런 면에서 우리 부산시민의 개방성을, 부산지역의 다양성을 외부에 보여주는 게 중요하다. 결국 도시는 그 도시의 환경과 문화 그리고 시민의 매력과 연결되기 때문이다.

이와 함께 국제관광도시가 되려면 다문화·이문화에 대한 이해를 넓혀야 한다. 특히 동북아시아나 영미권은 물론이고 이슬람국가의 문화에 대해서도 이해해야 한다. 그런 점에서 다문화·이문화에 대한 이해교육을 국제관광도시 전략에 넣어야 할 것이다. 이를 위해서는 제대로 된 관광가이드·해설사를 양성해야 한다.

넷째, 부산에서 열리는 국제행사를 계기로 통합적인 브랜드파워를 만들어내는 것이 중요하다. 부산일보(2019.6.30)에 따르면 부산의 국제회의 개최 도시 순위가 세계 7위(2017년 기준)에서 12위(2018년 기준)로 다소 하락했다고 한다. 국제협회연합(UIA)이 최근 발표한 국제회의 개최도시 순위에 따르면, 2018년 1위가 싱가포르(1313건), 2위가 벨기에의 브뤼셀(735건), 3위가 서울(449건)이었다. 부산은 2018년 국제회의 개최 건수가 총 137건으로, 2017년(239건)보다 100건이 넘게 줄어들면서 세계 순위가 5계단 하락했다. 아시아 순위는 싱가포르, 서울, 도쿄에 이어 4위로 2018년과 동일했지만.

이러한 것은 2030 부산월드엑스포와 같은 대규모 국제행사나 회의 유치가 매우 중요함과 동시에 이러한 행사를 계기로 부산브랜드를 집중적으로 세계에 발신해야 한다. 당초 오는 10월에 부산 벡스코(BEXCO)에서 개최될 예정됐으나 코로나19로 2년 연기된 물류올림픽이라고 불리는 세계물류협회(FIATA) 세계총회에 대해 관심을 가져야 한다. 이제 우리 부산은 단순한 물류항만 만이 아니라 세계인을 끌어들이는 매력 있는 항구도시로, 한류(韓流)를 세계에 알리는 밀레니엄문화 항으로 거듭나야 한다. 2022년 세계물류협회(FIATA) 세계총회 때는 종래의 1876년 개항이 아니라 조선 초기 개항 600여

년의 역사를 세계에 알리고 '21세기 문화개항'을 대대적으로 선언해야 한다.

다섯째, 미래의 부산관광을 위해서라도 부산에 유엔 산하 기구의 지역조직을 적극 유치하는 것도 좋은 전략이다. 유엔 산하기구의 본부나 지역사무소가 있는 도시는 국제화와 지역브랜드 차원에서 수준 높은 도시로 인정받는다. 부산시의 경우 지난 1955년 유엔총회 결의로 설치된 유엔묘지(2001년부터는 유엔기념공원으로 명칭 변경)와 같은 기념공원은 있으나 유엔의 권위 있는 산하기구의 지역 사무소가 없다. 그런데 경쟁도시인 인천광역시는 2013년 기후변화대응사업을 지원하기 위해 설립된 유엔 산하 기구인 GCF(녹색기후기금) 사무국을 인천 송도에 유치했다. 유엔아태경제사회이사회(ESCAP) 산하 ICT 분야 전문교육기관 및 다자간 국제협력 증진기구인 UNAPCICT(아·태정보통신기술교육센터)나 EAAF(동아시아·대양주철새이동경로) 파트너십 사무국, AFOB(아시아생물공학연합체)나 유엔지속가능발전 아·태지역센터도 모두 인천시가 유치하는데 성공했다. 이런 면에서 우리 부산은 국제화라는 데 있어 그동안 '잠자는 토끼'였는지도 모른다.

이런 데서 우리 부산은 늦었지만 지금부터라도 부산시와 대학, 시민단체, 상공계, 외교 전문가가 머리를 맞대고 유엔개발계획(UNDP)의 한국연락사무소나 유엔홍보센터(UNIC) 부산사무소(UNIC Busan) 유치에 나섰으면 한다.

여섯째, 앞으로 국제관광산업에서 제4차 산업혁명과 연계해 인터넷 네트워킹 가상현실 증강현실 등을 잘 활용할 필요가 있다. 부산의 명소나 스토리를 가상현실 또는 증강현실과 연결시키고 ICT 빅데이터를 이용해 관광마케팅에 활용하는 것이 중요하다. 앞으로 기후변화 등에 따라 항공료 인상, 경기침체, 기업회의 화상회의 증가로 국제관광의 침체가 일어날 가능성도 높고 이번에 코로나19와 같은 감염병이 창궐하면 국경 이동이 어려워지는 경우도 자주 발생할 수 있어 앞으로는 디지털관광이 가능하도록 영화 드라마

등 다양한 콘텐츠를 만들어 부산을 홍보하고 즐길 수 있도록 해야 한다. 결국 부산콘텐츠를 간접적으로 즐길 수 있는 다양한 소스를 만드는 노력을 해야한다. 부산을 세계에 알릴 수 있는 다양한 '원소스 멀티유스(One Source Multi-Use)화'가 절실하다.

국제신문 박지현 기자는 「국제관광도시 부산 시민 자세는」이란 기자수첩(2020.2.3)에서 '시민의 환대 매너'의 중요성을 강조했다. "우리나라의 성장 동력은 관광업이에요. (중략) '내가 식당 주인이라면, 내 부모나 친구가 식당을 한다면…' 이런 가정만으로 아량이 생겨요. 그렇게 외식 환경이 성장하면 국민도 바깥 손님인 외국인을 받아들일 준비가 돼요. 환대의 매너가 잡히는 거죠." '외식왕' 백종원 더본코리아 대표가 최근 인터뷰에서 한 말이라고 한다. 박 기자는 백 대표의 인터뷰가 오래 기억에 남은 건 환대의 매너란 말 때문이란다. 그의 말은 관광한국을 하나의 식당으로 비유하면 가게 주인은 주방을 책임지고 국민은 홀서빙을 담당하는 격이라고 했다. 그의 말은 부산 시민도 국제관광도시 부산을 만들어가는 중요한 주체임을 새삼 일깨웠다는 것이다.

이런 점에서 본다면 어려운 지금이야말로 부산브랜드를 세계에 알릴 좋은 기회이기도 하다. 안전한 방역과 동시에 미래의 중국 관광시장을 생각하고 환대의 매너를 갖는 것이 매우 중요하다. 2016년에 우리나라를 찾은 외국관광객 1700만 명 가운데 800만 명이 중국인이다. 이런 점에서 적십자사를 통해서 중국뿐만 아니라 부산이 자매결연을 한 세계 각국 도시와 '코로나19 방역'의 도시외교를 펼치는 지혜가 절실한 때이다. 마찬가지로 지금 어려운 한일관계를 뚫어나가는 데 있어서도 후쿠오카, 시모노세키 등과의 '방역 도시외교'를 펼쳐봄직하다.

끝으로 중요한 것은 이번 국제관광도시 부산 선정과 관련해 부산브랜드를 부산만 볼 것이 아니라 부울경의 상생관광도 함께 생각해야 한다고 본다. 이번에 선정된 5개 지역관광거점도시에 △강원 강릉시 △전북 전주시 △전남 목포시 △경북 안동시가 들어가는데 유서 깊은 김해시, 양산시, 진주시, 밀양시 등이 있는 경남도와 울산광역시와도 충분히 논의해 부울경 관광벨트를 만드는 노력도 필요하다. 그래야 부산이 스쳐지나가는 일일관광이 아니라 장기체류 관광지가 될 수 있으며, 진정한 의미에서 '서울을 넘어서 국제관광객을 빨아들이는 지역의 새로운 관광거점'이 될 수 있을 것이다.

Richard Florida

Charles Landry

Sasaki Masayuki

나가며

창조도시론의 이해

일반적으로 창조도시라고 하면 찰스 랜드리, 리처드 플로리다, 사사키 마사유키 등 세계적인 창조도시 선구자들 이야기를 하지 않을 수 없다. 창조도시란 과연 무엇인가?

『창조도시를 디자인하라』(2010)의 저자 사사키 마사유키는 창조도시론이 종래 '세계도시'의 대안론으로 등장한 것임을 강조한다. 뉴욕, 런던, 도쿄가 1980년대 중반까지 국제적 지명도, 다국적기업 본사 유치, 국제행사 개최 및 외국인 관광객 수 등의 향상을 도모하는 세계도시를 표방했으나 1990년 전후의 금융부동산시장 거품붕괴로 인한 불황으로 불안정성과 위험성을 보여주었다. 그래서 1990년대 후반에 주목받기 시작한 것이 '창조도시(Creative City)'로 지식경제활동에 유리하고, 업무와 도시 만들기에서 창조력이 공존하는 중간 규모의 살기 좋은 도시가 새로운 대안으로 떠오르게 됐다.

창조도시론이 결정적으로 도시정책에 영향력을 높이게 된 것은 리처드 플로리다(Richard Florida)의 창조계급론의 출현이었다. 플로리다는 『창조계급의 부상(The Rise of the Creative Class)』(2002)에서 '오늘날 사회를 변모시킨 최대 추진력은 인간의 창조성이며, 창조력을 가진 새로운 계급의 번성이다.'고 주장했다. 그는 창조계급이란 과학, 기술, 건축, 디자인, 교육, 예술, 음악, 오락 등의 활동에 종사하며 새로운 아이디어를 만들어내는 사람들로 미국인의 30%, 약 3900만 명이 창조계급으로, 미국 사회의 주역이 되고 있다고 강조했다. 창조계급이 성장할 수 있는 커뮤니티를 만들어내는 것이 도시 활성화의 열쇠이며, 그곳에는 창조성 자본을 만들고, 기술개발력과 재능 있는 사람들을 끌어들이는 매력과 관용을 갖춘 대학을 창조성의 축으로 육성해 세계 수준의 질 높은 시민문화를 양성해 나가는 것이 창조계급론의 요지다.

플로리다는 스페인의 바르셀로나를 예로 들면서 창조도시의 특징을 다음과 같이 밝혔다. 첫째, 도시에서 현대적인 예술의 에너지가 넘쳐나며 시민이 충분히 그것을 즐길 수 있다. 둘째, 예술문화의 창조성을 산업으로 살린 창조산업군의 발전이 도시경제의 새로운 엔진이 되어 고용과 부를 창출한다. 셋째, 시민의 자치의식이 높다. 넷째, 세계화가 가져온 부정적인 측면을 완화하기 위한 인류 보편의 가치를 가진 행동을 제기할 만큼 역량을 품은 도시라는 것이다.

플로리다는 창조계급을 도시에 끌어들이는 것을 3T, 즉 인재(Talent), 기술(Technology), 관용(Tolerance)을 꼽았고, 이 세 개념을 총 7가지로 나눈 창조성 지수를 제시했다. 인재(Talent)에는 ①창조지수(Creative Index: 예술가, 디자이너, 엔터테이너, 컴퓨터기술자, 건축가, 연구자 등 지적·문화예술적 창조성을 이용한 직업의 노동인구 비율), ②인적자본(Human Capital: 대학졸업 이상의 인구비율)을 들고, 기술(Technology)에는 ①혁신성 지수(Innovation: 특허, 실용신안 등의 인구비율), ②첨단기술지수(High Tech: 첨단기술 공업생산액의 전국 대비 지역비율)를, 관용(Tolerance)에는 ①동성애자 지수(Gay: 동성애자 연구의 전국 대비 지역비율), ②보헤미안 지수(Bohemian: 문화예술 관련 종사 인구비율), ③멜팅포트지수(Melting Pot: 외국인 등록자수의 전국 대비 지역비율)를 들었다.

리처드 플로리다는 또한 『도시와 창조계급(Cities and the Creative Cities)』(2008)에서 지역재생의 열쇠는 공장의 유치보다 창조적 인재를 어떻게 그 지역에 유인할 수 있을 것인가에 달려 있다고 거듭 주장했다. 창조적 커뮤니티를 실현하기 위해서는 창조성의 사회적 구조, 특히 그 중 사회적 문화적 지리적 환경이 중요하며 사회관계자본보다도 창조자본을 중시하는 것이 중요하다고 강조했다.

그는 창조계급이라 부르는 사회계층을 초창조적 중핵과 창조적 전문직 두 가지로 나눴다. 전자는 ①컴퓨터·수학 ②건축 엔지니어 ③생명·자연과학 및 사회과학 ④교육·훈련·도서관 ⑤예술·디자인·엔터테인먼트·스포츠·미디어의 각종 전문직종, 후자는 ①매니지먼트 ②비즈니스·재무 ③법률 ④보험가·기술자 ⑤판매 매니지먼트의 각 전문직종으로 구성된다는 것이다.

물론 플로리다의 '창조계급론'은 세계도시 개념에 비해 도시의 활력, 성장력을 질적인 수준으로 논한 것으로 대도시뿐만 아니라 중소 규모의 도시에서도 채용할 수 있는 성질을 가진 정책이기에 세계도시 이상으로 영향력이 확대돼왔다. 그러나 창조계급이라는 계층에 조명을 맞춰 그들을 도시와 현대사회의 주역이라고 한 사고가 어쨌든 계층적 편향을 드러낸 것이라는 비판도 있다.

찰스 랜드리(Charles Landry)는 『창조도시(The Creative City)』(2007)에서 도시문제에 대한 창조적 해결을 위해 '창조적 환경-창조의 장'을 어떻게 만들고,

어떻게 그것을 운영해 나가는가, 그리고 그 과정을 어떻게 지속해 나가는가 하는 것을 중시했다.

랜드리는 1985년부터 유럽 문화도시의 성공사례를 분석하던 중 예술문화가 가진 창조적인 힘을 살려 사회의 잠재력을 이끌어낸 도시의 시도에 주목했다. 랜드리가 문화예술이 가진 창조성에 착안한 이유는 다음과 같다. 첫째, 탈공업화 도시에서 멀티미디어와 영상영화와 음악, 극장과 같은 창조산업이 제조업을 대신해 역동적으로 성장했고 고용 면에서도 효과를 나타냈다. 둘째, 도시 창조성에 중요한 것은 경제·문화·지식·금융의 모든 분야에 걸쳐 창조적인 문제해결 능력과 그 연쇄반응으로 기존 시스템을 변화시키는 유동성이다. 셋째, 문화유산과 문화전통이 사람들에게 도시의 역사와 기억을 불러일으켜 세계화 속에서도 도시의 정체성을 확고히 해, 미래 통찰력을 높인다. 넷째, 지구환경과의 조화를 위한 지속가능한 도시를 창조하기 위해 문화가 해야 할 역할도 기대된다. 랜드리는 주목받는 창조도시로 볼로냐, 브뤼셀, 헬싱키 등을 사례로 들었다.

랜드리는 도시의 중요한 자원으로 사람을 꼽았다. 도시경영자의 창의성이 장래의 성공을 결정하게 되기에 이르렀으며 오늘날 도시문제를 창의성과 혁신이라는 관점, 또는 그러한 것들의 부족에서 비롯된다는 시각에서 고찰해야 한다고 강조한다. 사람과 조직의 사고방식을 변화시키는 방법으로 변화를 만들어내는 우리의 사고방식과 아이디어의 힘을 중시한다. 도시의 창의성은 책임 있는 사람들이 개방적인 마음을 가질 때, 실천과 개념적인 사고를 결합할 수 있을 때 성장한다는 것이다.

도시의 문화자원은 역사적 산업적 예술적 유산이고, 그것은 건축물뿐만 아니라 도시경관은 물론, 취미와 열망, 지방의 고유한 공공적인 생활전통, 축제, 제례의식 또는 이야기도 포함한다. 창의적인 사람과 조직, 프로세스,

구조의 특징은 유사한데 그것은 인간적 커뮤니케이션, 경청하기, 팀의 구축이나 외교·중재의 네트워킹 기술을 포함하고 있다. 창의적인 사람 없이는 창의적인 회의나 창의적인 조직도 가질 수 없다. 창의적인 조직 없이는 창의적인 환경이 조성되지 않는다. 이러한 혁신적인 환경을 만들어내는 것이야말로 창조도시의 주요한 도전이다.

랜드리는 도시의 미래모습을 상상하라고 강조한다. 개인의 자질은 상상력을 바탕으로 의지와 리더십을 키우며, 다양한 인간의 존재와 다양한 재능에 접근하라고 힘주어 말한다. 또한 권한위임을 통한 학습, 규정을 파괴하고, 학습하는 조직을 만들라고 강조한다. 강력한 지역의 아이덴티티와 창조도시의 거점으로서의 공공시설과 문화시설을 중시하고, 도시 내 네트워킹을 중시한다. 그는 하드웨어 혁신에서 소프트웨어적인 해결책으로 가라, 다문화적으로 생활하라, 다양한 비전을 평가하라, 옛 것과 새 것을 상상력 풍부하게 재결합하라, 학습하는 도시를 만들고, 도시계획에서 도시전략으로 나가라고 제안한다.

창조도시를 이해하는 데 도시 개념의 변천 과정을 살펴보는 것도 의미가 있다. 도시는 대내외적 여건 변화에 능동적으로 적응하기 위해 변화의 과정을 거쳐 왔다. 도시의 변천은 크게 1900년대 초 '전원도시'에서 20세기 후반 '생태도시'를 거쳐 21세기인 지금은 저탄소도시로 나아가고 있다. 산업혁명시대의 도시공해문제로부터 벗어나기 위해 전원 속에 도시를 조성하고자 한 전원도시가 최초의 환경문제에 대응한 도시유형이라 볼 수 있다. 전원도시 이후 개발에 따른 환경훼손 문제를 해결하기 위해 도시 분야에서는 생태도시가 부각되었다. 생태도시는 도시를 하나의 생태계로 해석하여 중요한 자연환경은 보존하고 무절제한 개발행위로부터 환경파괴를 억제하기 위한 수단을 강구해왔다. 1990년대를 전후해선 환경문제와 경제위기가 동시에 발생함에 따라 환경적으로 지속가능한 경제성장을 도모하자는 것이 세계적 과제로 등장하게 됐다. 이러한 도시의 지속가능성을 바탕으로 한 지구환경문제 대응 도시는 21세기 들어서는 시대적 과제인 지구온난화 문제에 대처하고 환경적으로 지속가능한 발전을 할 수 있는 새로운 개념의 저탄소도시를 중시한다.

환경문제에 대응한 도시의 초기 개념은 1902년 하워드(Howard)의 전원도시(Garden City)로 거슬러 올라갈 수 있다. 하워드는 19세기 후반 영국에서 도시환경이 열악해지고 농촌이 쇠퇴하는 등 심각한 사회문제가 되자 도시와 전원 양쪽의 장점을 취해 소규모이지만 자족적인 생활환경을 가진 전원도시를 건설할 것을 최초로 제안했다. 그가 제안한 전원도시의 크기는 2400ha로 중앙부 400ha가 도시부이며, 그것을 둘러싼 전원부로 구성되며 인구는 도시부 약 3만 명, 전원부 2000명 정도로 계획했다. 이러한 제안은 다수의 지지를 얻어 1903년 런던에서 북쪽으로 약 50km 떨어진 레치워스(Letchworth)에 건설을 시작했다. 한 때 자금부족과 회사의 매수위기 등 많은 어려움을 겪었으나 분양을 임대로 전환해 개발이익을 주민에게 환원하는 것을 바탕으로 한 토지의 일괄관리 원칙이 지금까지 이어져 오고 있다. 1995년에는 토지관리가 레치워스헤리티지재단(Letchworth Heritage Foundation)으로 넘어갔으며 2003년 이 재단은 건설착수 100주년을 맞이하여 이 도시에 대해 환경공생을 목표로 전원부 보전정비사업에 착수했다.

전원도시는 도시의 물리적 시설만이 아닌 사회경제적 구조의 재조정까지 담고 있는 특징적인 도시로서, 현대적 의미에서도 도시와 농촌의 장점만을 살린 도농통합형의 저밀도 경관도시라고 할 수 있다. 이러한 전원도시는 대도시 인구과밀 현상으로 야기되는 여러 가지 문제의 해소를 위해 건설되는 신도시의 모델로도 이용돼 왔다. 그러나 영국의 전원도시 계획은 레치워스의 경우도 런던이 팽창되면서 그 목적을 달성할 수 없었다고 한다.

전원도시 다음에 등장한 것이 생태도시 개념이다. 레지스터(Register)는 1987년에 에코시티(Ecocity)라는 말을 처음으로 사용했다. 생태도시는 1992년 브라질 리우환경회의 이후로 대두된 개념인 지속가능한 발전을 목표로 제기됐었다. 독일의 외코폴리스(Ökopolis)나 일본의 에코시티(Ecocity), 에코폴리스(Ecopolis), 미국의 녹색도시(Green City), 환경도시(Environment City), 어메니티도시(Amenity City), 지속가능한 도시(Sustainable City) 등 여러 가지 용어가 혼용되고 있는데 도시를 하나의 유기적 생태계로 보는 개념이다.

외코폴리스는 독일의 슈투트가르트(Stuttgart)에서 실제 도시계획에 반영하였는데 생태계보호와 인간성 회복의 원리를 바탕으로, 바람길을 이용하여 도시경관과 자연환경을 잘 배려한 도시라 할 수 있다. 에코시티와 에코폴리스는 주로 일본에서 사용하는데 시민 개개인의 자각에 기반을 둔 도시로, 그 구조 및 기능이 환경에 대한 배려가 잘 되어 있는 도시라고 할 수 있다. 녹색도시는 미국에서 조경학적인 측면에서 도시경관과 녹지조성을 강조하며 도시생활과 자연이 서로 조화되는 건강하고 풍요로운 도시를 조성하기 위해 경관조성에 힘쓰는 도시를 의미한다. 환경도시란 자연자원을 살린 토지이용을 도모하는 등 생태계에 준한 시스템을 구축함과 동시에 시민, 기업, 행정이 하나가 돼 시민의 안전성, 건강, 교육문화, 쾌적성이나 편리성의 확보를 향해 종합적인 검토·배려가 행해지는 지속가능한 도시를 말한다. 어메니티도시란 '있어야 할 것이 있어야 할 곳에 있는 것'이라고 하는 어메니티에 바탕을 두고, 인간이 도시의 장에서 개성적인 생명체로 생존하고 생활해 가는 데 불가결한 쾌적함을 창조적으로 구성할 수 있는 자연, 역사, 문화, 안전, 심미성, 편리성이 갖추어지고 종합적인 인간의 도시다움과 개성을 실현할 수 있는 도시를 말한다. 지속가능한 도시는 미래세대가 그들 스스로의 필요를 충족시킬 수 있는 능력을 저해하지 않으면서 현세대의 필요를 충족시키는 개발 또는 생태계의 환경용량 내에서 인간생활의 질을 향상시키는 개발이 가능한 도시를 의미한다. 생태도시의 대표적인 도시는 독일의 프라이부르크, 슈투트가르트나 브라질의 쿠리치바, 미국 버클리 등을 들 수 있다.

생태도시에 이어 21세기에 들어서는 저탄소도시가 강조된다. 종래의 생태도시가 종합적인 도시의 지속가능성을 바탕으로 한 개념이라면 저탄소도시는 온실가스 감축에 중점을 두고, 도시 인프라나 소프트웨어를 설계, 운영하는 것을 의미한다. 저탄소도시는 탄소중립도시, 녹색성장도시, 저탄소녹색도시, 배출제로도시 등의 개념을 포괄한다. 저탄소도시를 정의하면 '지구 온난화 문제의 핵심으로서 이산화탄소를 비롯한 온실가스의 발생을 최대한 감축하거나 흡수하는 것을 목표로 토지이용, 에너지, 교통, 자원순환, 공원녹지, 생태공간 등 도시계획의 핵심요소의 효율적인 개선을 추구하는 도시'라 할 수 있다. 저탄소도시의 대표적 사례로는 덴마크 코펜하겐, 영국 베드제드, 호주 시드니 등이 꼽힌다.

뉴 밀레니엄이라고 하는 21세기에 들어선 지도 벌써 20년이 지났건만 지구촌은 여전히 전쟁과 불신, 성장지상주의의 20세기적인 삶에서 한발자국도 벗어나지 못하고 있다. 이러한 악순환은 지구환경과 도시의 삶 자체를 위협하고 있다. 이러한 '반생명의 시대'를 어떻게 살아가야 할까?

지속가능한 미래도시, 창조도시를 만들기 위해 우리는 무엇을 하여야 할까? 무엇보다 테러와 증오 대신 사랑과 생명의 마음을 키워나가고, 물질숭배의 성장지상주의에서 벗어나 기후변화나 감염병과 같은 재난에 대응해 지역주민들이 주체가 된 새로운 도시 만들기에서부터 시작해야 할 것 같다. 이런 점에서 지속가능성과 어메니티, 그리고 부산학을 바탕으로 한「창조도시 부산론」이 절실히 요구된다. ICLEI(지속가능성을 위한 세계지방정부 네트워크)가 규정하는 '지속가능한 발전'이란 모든 사람들의 기본적인 삶의 질을 강화하고 사람이 지속적으로 살만한 가치가 있도록 생태계와 지역공동체를 보호할 수 있는 수준에서 경제발전 과정을 변화시켜 가는 프로그램으로 보고 있다. 지속가능한 발전은 크게 3개 구성요소를 갖고 있는데 경제발전, 지역공동체발전, 생태발전으로 나뉜다. 경제발전의 하위변인(下位變因)은 경제성장률의 지속, 개인이익의 최대화, 시장확대, 비용절감이고, 지역공동체발전의 하위변인은 지역자립도 증가, 기본적인 인간욕구 충족, 평등의 확대, 참여와 책임의 보장, 적정기술의 활용이며, 생태발전의 하위변인은 적정 용량 존중, 자원보전 및 리사이클, 쓰레기감소 등이다. 지속가능발전은 이 3개 개발과정에 균형을 취하는 과정이라 할 수 있다.

일본의 어메니티 이론가인 사카이 젠이치는 『환경을 넘어서는 실천사상』(김해창 역, 1998)에서 "어메니티는 이른바 근대가 내팽개쳐버렸던 진(眞)·선(善)·미(美)·애(愛)를 다시 주워 담는 노력이자 이를 구체적으로 생활에서 실천하고자 하는 가치지향의 시민운동"이고 말했다. 그는 어메니티의 분야로는 ①생명·안전 ②건축·주거 ③마을만들기 ④지구환경 ⑤역사·문화 ⑥경관 ⑦복지 어메니티 등을 들었다. 그는 눈에 보이지 않는 '진·선·미·애'의 가치 개념을 실생활과 다음과 같이 연결시켰다.

〈진〉: 근대과학의 진리해명 성과, 과학만능주의의 부정, 데카르트 분단의 극복, 물질 마음의 이원대립 극복, 전인적 인간의 진실 등.

〈선〉: 생명의 존엄 재구축, 환경억제 윤리, 생물의 사상(死傷) 방지, 공해방지, 리사이클, 정서교육, 볼런티어, 사람됨됨이가 좋음, 남을 배려하는 행동, 예의바름, 중용의 정신 등.

〈미〉: 생명미, 건강미, 건축미, 예술미, 인격미, 도시미, 심적미, 미적 공간, 자연미, 역사미 등.

〈애〉: 자기애, 가족애, 이웃애, 우애, 향토애, 지구애, 자연사랑 등.

이러한 어메니티의 사상을 창조도시론에 적용해보아도 좋을 것이다. 창조도시론은 이러한 어메니티와 지속가능성을 바탕으로 지역주민, 즉 시민이 꿈과 개성을 살려 나가는 도시 만들기의 핵심 개념이자 미래도시의 내용이 될 수 있다. 자연과 공생을 도모하면서 인간이 존중되고 공동체가 함께 하는 사회를 만들어가는 것이다.

이런 점에서 이제 우리 시민 한 사람 한 사람이 '창조도시 부산론'을 이야기할 시대가 왔다. 창조도시 부산 만들기란 '시민이 부산 지역에 있어야 할 모습을 그려 그것을 실현해 가는 지혜나 연구를 바탕으로 뜻을 모아 계획적으로 그것들을 함께 실행하거나 실현해가는 노력의 총체'라고 할 수 있다. 이 때문에 '있어야 할 것이 있어야 할 곳에 있는 모습'을 생각하는 창조이념과 이를 이끌어낼 종합프로그램이 필요하다. 창조도시 부산을 위해서는 지속가능성, 부산다움, 창조적인 아이디어와 시민참여 및 행정과의 협력이 요구된다. 우리 시민 한 사람 한 사람의 뜻과 힘을 어떻게 모아내느냐가 '창조도시 부산'의 열쇠 아닐까?

창조도시 부산,
소프트전략을 말한다